芳沢光雄

昔は解けたのに……

大人のための算数力講義

JN052399

講談社+α新書
プラスアルファ

もくじ

カバーイラストレーション
大高郁子

本文デザイン
赤波江春奈

まえがき

現在、算数・数学力を重視する意識が、とくに社会人の間で広範に高まっている。1990年頃には、日本のGDP（国内総生産）は2位で、IMD（国際経営開発研究所）の「世界競争力年鑑」での順位は1位であったが、2023年にはそれぞれ4位、35位となった。このような現状に鑑みて、この数年の間に、経済産業省は「数理資本主義の時代〜数学パワーが世界を変える〜」というレポートを発表したり、政府の教育未来創造会議は理系分野の充実を目指す方針を打ち出したりした。

およそ算数・数学というものは、人類が生みだした客観的な「数」というものによって、厳密な論理展開をする学問だ。そして、算数を源流として、中学数学、高校数学、大学数学へと大きな流れとなって発展している。それゆえ算数の教育と学びは大切であるが、近年は理解無視の「やり方」の暗記だけで誤魔化すことが目立つ。物事は理解して初めて応用が利くのであって、そのような学びでは、単純な試験の点数はともかく、大した効果は期待できないだろう。逆に理解を大切にした算数の学びを心掛けると、難しい数学の力を借りる

こともなく、工夫すれば解決できる問題はいろいろある。

筆者は2007年に、22年間勤めた城西大学と東京理科大学の数学科から桜美林大学リベラルアーツ学群に移った。「数学嫌い」の学生さんが多く在籍していたが、リベラルアーツには算術、幾何、論理などが含まれるので、その立場からも「数学嫌い」を減らす活動を展開するには適当な環境であった。

勤め始めて数年後には就職委員長を補職としてお引き受けした。学生の就職難の時期で、就職適性検査の非言語問題が苦手な学生向けに、後期の毎週木曜日の夜間に「就活の算数ボランティア授業」を開催した。

この授業は後に「数の基礎理解」として正規の授業となって退職年度まで続けた。

授業では、リベラルアーツの「学問基礎」と「数の基礎理解」を通して、算数の重要な考え方と生きた応用例を理解させる指導を心掛けた。とくに、学生が分からないことは対話によって原因を突き止め、丁寧に説明するようにした。その結果、相当な数の数学嫌いの学生を数学好きにさせることができたと自負している。実際、数学が嫌いで文系専攻のつもりで入学したものの、ゼミは数学専攻の筆者のところに参加した学生が毎年何人もいた。もちろんゼミには、もともと「数学好き」だった学生も半分以上は在籍していて、毎年、数人が各自治体の採用試験に合格して数学教員として活躍している。

大学での教育と小中高校への出前授業を合わせると、約3万人を指導したことになるが、「やり方」の暗記だけの学びに慣れた人たちは、ある意味では「教育の犠牲者」の面がある

と言えるだろう。2022年末に刊行した拙著『中学生から大人まで楽しめる　算数・数学間違い探し』（講談社 + α 新書）は、そのような問題点に気付いてもらうためには最適な書であったように思う。

それを踏まえて筆者は2023年度に、webサイト「現代ビジネス（+ α オンライン）」で「大人の算数学び直し」という連載を執筆。その構成は「第1章：数と計算」「第2章：量および比と割合」「第3章：図形」「第4章：場合の数と確率・統計」「第5章：論理」とした。編集の技術が優れていることもあって、数式や図も数多く用いることができ、毎回のようにアクセス数の多い記事となった。

本書はその連載に、復習問題やコラムなどを加筆・修正してまとめたものである。若干ページ数が多い書となったが、これ一冊で算数の重要な考え方や応用をしっかり学べるということで、ご理解いただければ幸いである。

さらに本書の内容は、算数の先の「数学の学び」への接続になるように配慮したつもりである。少し宣伝を許してもらえれば、『新体系・中学数学の教科書（上・下）』、『新体系・高校数学の教科書（上・下）』、『新体系・大学数学　入門の教科書（上・下）』（いずれも講談社ブルーバックス）という拙著がすでに刊行されており、本書がそこに加わったことで、算数の学び直しから大学数学まで、大河の流れのように学べるはずだ。

2024年5月
芳沢光雄

第1章

数と計算

① **整数**
3≦7は正しい、では3≦3は?

伝 える情報は誤解なく正確に表現することが大切で、人類は長い年月をかけて客観的な表現として「整数」を生みだした。

紀元前1万5000年〜紀元前1万年頃の旧石器時代の近東（北アフリカの地中海沿岸部、東アラブ地域、小アジア、バルカン半島など）には、動物の骨に何本かの線を切り込んだ「タリー」と呼ばれるものがあった。それらの切り込みは、特定の「具体的事物」に関係していると考えられていて、一日一日の太陰暦を一つ一つの切り込みにしていたとする説がある。

紀元前8000年頃から始まる新石器時代の近東では、円錐形、球形、円盤形、円筒形などの形をした小さな粘土製品の「トークン」というものがあった。壺に入った油は卵形のトークンで数え、小単位の穀物は円錐形のトークンで数える、というように物品

それぞれに応じた特定のトークンがあった。

そして、1壺の油は卵形トークン1個で、2壺の油は卵形トークン2個で、3壺の油は卵形トークン3個で……というように、「1対1の対応」（一つ一つに対応させる関係）に基づいて使われていた。

例題 •

男の子と女の子が何人かいるとき、それぞれの人数を数えることなく、「男の子は女の子より人数が多い」「女の子は男の子より人数が多い」「男の子と女の子の人数は等しい」のどれが成り立つかを確かめる方法がある。

それは、男の子と女の子に一人ずつ手を繋いでもらうことである。すなわち、1対1の対応を考えるのである。男の子（女の子）が余れば、男の子（女の子）のほうが多く、どちらも余らなければ人数は等しいのである。

男の子

女の子

イラクのウルクで出土した紀元前3000年頃の粘土板には、5を意味する五つの楔形の押印記号と羊を表す絵文字の両方が記されたものが見つかっている。これは5匹の羊を意味して、数の概念が個々の物品の概念から独立したことを表しているのであり、「自然数（正の整数）」の萌芽を意味している。

5という自然数が確立すれば、あまり大きくない他の自然数が確立することは自然の流れだろう。しかし、負の数や「0」の誕生は後のことになる。紀元前2世紀頃に書かれた古代中国の『九章算術』には、負の数の概念が用いられている。

0に関しては二つの意味がある。一つは、709の十の位が空白であるように、ある位が空白であることを意味することで用いる0である。それとは別に、

0そのものを数として扱うことの意味もある。

前者の意味だけの用法は、既に古代バビロニアやマヤ文明でも扱われていた。その一方で、後者の意味も含めて0を表す記号を使い始めたのはインドで、5世紀から9世紀の間に0を含む10進法の記数法を発明したのである。

以後、原則として10進数を扱う。

　　……－4、－3、－2、－1、0、1、2、3、4……

という数全部を整数という。したがって、整数は次の三つの型から成り立つ。

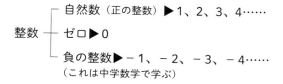

一般に、数を直線上に並べた数直線のすべての点に対応する数を実数という。単に「数」というときは、

実数を表すことが普通である。

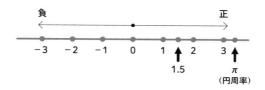

なお、負の数には必ずマイナス記号「－」を付ける
が、正の数はプラス記号「＋」を省略しても構わな
い。

0より大きい数を正の数といい、0より小さい数を
負の数という。1と2の中間にある1.5も、3より少
し大きい円周率π（3.14……）も実数である。

ちなみに円周率の定義（約束）は、円の周囲（の長さ）
である円周を、中心を通る直径（半径の2倍）で割っ
た値である。

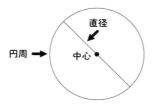

ここで、不等号の記号を紹介しておこう。

$$3 \leqq 7 \qquad\qquad 3 \leq 7$$

はどちらも同じ意味で、「3は7以下」のことで正しい。もちろん、

$$3 \leqq 3 \qquad\qquad 3 \leq 3$$

も正しいが、「この表現は間違っている」と思っている人は少なくない。

例題 •

樹形図

樹形図の発想は、イチ、ニ、サン、シ……と一つずつ数えるとき、あるいは見直しをするときなどに有効である。

例を挙げると、次の図のような路線図があるとき、出発地Aから到着地Fに至るルートは何本あるか求

めてみよう。ただし、同じ地点は2度通らないもの
とする。

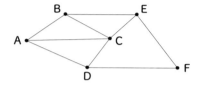

このような問題を考えるとき、よく図の線上を何度
も鉛筆でなぞる人がいるが、見にくくなって後で見
直しすることが難しくなってしまう。次の樹形図に
よって数えると、答えは10本であることが分かる。

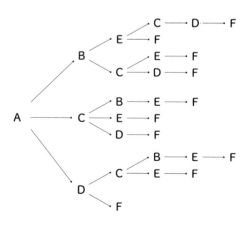

数直線を見てもらえば、数直線上の数全体、つまり
実数全体から見ると、整数はとても珍しい存在であ
ることが分かる。

ところが実際の問題では、人数や物の個数のように
答えが整数でなくてはならない場合がよくある。こ
れを一般に「整数条件」と呼ぶことにする。

たとえば、15人を同じ人数の五つのグループに分
けるとき、一つのグループには何人が所属するかを
求めると、

　15 ÷ 5 = 3（人）

と計算して3人という答えが出る。

ところが、もし16人を同じ人数の五つのグループ
に分けようとするとき、一つのグループには何人が
所属するかを求めると、

　16 ÷ 5 = 3.2（人）

と計算して3.2人という答えが出る。要するに、整

数の範囲では答えが出ないので、整数条件に反して矛盾である。

すなわち、16人を同じ人数の五つのグループに分けることはできない。

以下、整数条件の例を二つ紹介しよう。

例題 •

A君は100題の計算問題を解いた。そして、正答には5点もらえて、誤答では2点減点される（減点法）ルールにしたがって、全問の答え合わせをA君自身で行ったところ、合計得点は250点であった。A君の答え合わせには間違いがあることを示そう。ただし、無解答の問題はなかったとする。

A君が正答と判断した問題の個数を x、誤答だと判断した問題の個数を y とすると、次の二つの式が成り立つ。

$x + y = 100$ ……❶

$5 \times x - 2 \times y = 250$　　……❷

そこで、以下の変形が成り立つ。❶の両辺を2倍すると、

$2 \times x + 2 \times y = 200$　　……❸

❷と❸の辺々（等号の左右両辺）を加えると、

$5 \times x - 2 \times y + 2 \times x + 2 \times y = 250 + 200$

$7 \times x = 450$

ところが、x は整数でなくてはならないという整数条件より、これは矛盾である。したがって、A君の答え合わせには間違いがあることになる。

余談であるが、IT分野で世界的に注目されているインド工科大学（IIT）の入試は難しい。
2000年の入試数学問題は全問が証明問題だったことで話題になったが、約80万人が受験する試験で

は、記述式を継続することは困難であろう。そこで現在では正解を選択する問題になっているが、採点に減点法を導入していることが注目される。すなわち、正解に自信がない問題は「無回答」にすれば「0点」で、減点されずに済むのである。

一辺が1cmの正方形4個分から作った**図1**に示した図形がある。

図1の図形を8個使うと、**図2**のように面積32cm²の長方形を作ることができる。

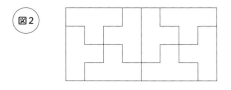

しかし、**図1**の図形を15個使って面積60cm²の長方形は作ることができない。その理由を考えよう。面積が60cm²の長方形を考えて、一辺が1cmの正方形60個に分けて、**図3**のように交互に黒と白を塗る。すると、縦か横が偶数cmなので、それに注目すると、白と黒の正方形が30個ずつあることが分かる。

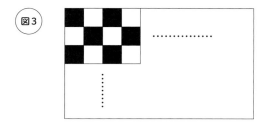

もし、一辺が1cmの正方形4個分から作った**図1**に示した図形15個によって、**図3**の長方形がぴったり敷き詰められるならば、**図4**の（**ア**）と（**イ**）に示した図形を合わせた15個によっても、白と黒も一致させるように敷き詰められるはずである。

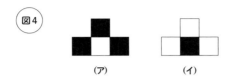

（ア）　　　　　　　（イ）

ここで、（ア）は黒が3、白が1、（イ）は白が3、
黒が1なので、（ア）と（イ）を同じ個数ずつ用い
ないと、図3のように白と黒の小さい正方形が30
個ずつにはならない。ところが、15個の図形を
（ア）と（イ）で半分ずつ同じ個数になるように分
けようとすると、

15 ÷ 2 = 7.5（個）

となって、整数条件に反し、（ア）と（イ）を同じ
個数ずつ用いるのは無理なことである。それゆえ、
図1の図形15個によって、図3の長方形をぴった
り敷き詰めることはできない。

COLUMN

犬に算数を教える夢

高校生の頃、飼っていたコッカースパニエル犬の「ベル」からは、重要なことを学んだ。ボックスティッシュから1枚のティッシュを取り出すと、次のティッシュが出てくる。そのことに気付いたベルは面白がって、ある日、部屋中にティッシュを散乱させた。私はそれを見たとき、叱るのでなく、その「法則」に気付いたベルを「ヨシ、ヨシ」と褒めたものだ。

ベルとの思い出は他にもあるが、4と5の違いを分からせようと、一つの皿には4枚のビスケット、もう一つの皿には5枚のビスケットを載せて、好きなほうだけを与える実験を何度も試みたことがある。ベルは5枚のほうに向かうのではなく、キョロキョロ見回して、たまたま目線が止まったほうに向かうばかりだった。「1対1の対応」から整数を教えるべきだったと反省している。

ネットでも紹介されているオウムの「アレックス」君は、6までの整数を認識できたそうである。

復習問題

問 1

赤のTシャツを着た赤組、白のTシャツを着た
白組、青のTシャツを着た青組の生徒が多数集
まっている。一応、それら3組の生徒はそれぞ
れ同人数と思われている。人数を数えることな
く、3組の生徒はそれぞれ同人数であることを
確かめる方法を述べよ。

問 2

図1の（ア）は、和室における一般的な8畳の
敷き方であるが、（イ）も（ウ）も8畳の敷き
方ではある。

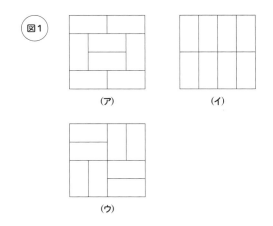

図1

（ア）

（イ）

（ウ）

ある人は8畳の部屋の角に、大きな花瓶を二つ置く
ため2ヵ所の半畳のスペースをとって、そこを板の
間に変更することを考えた。

図2の（**ア**）のように変更すると、7枚の畳を敷く
ことができるが、（**イ**）のように変更すると、なぜ
か7枚の畳を敷くことができない。なぜ、できない
のか説明せよ。ヒントとして**図3**のように、白色の
半畳の畳6枚と黒色の半畳の畳8枚で、黒と白が隣
り合わないように敷き詰めることを想定してみる。

図2

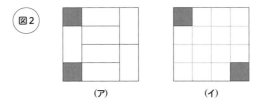

（ア）　　　　　　　　（イ）

図3

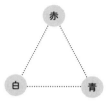

上図のように、赤・白・青各組の生徒に3人一組で手を繋いでもらう。余った生徒がいなければ、確かめは終了である。

ヒントで述べてあるように、部屋を半畳の畳14枚で敷き詰めることを想定する（図3参照）。もし、**図3**の状態に7枚の畳をぴったり敷くことができるなら、**図4**のような色を付けた畳が7枚敷けることになる。

図4

すると、部屋には黒の正方形が7個、白の正方形が7個入ることになる。ところが**図3**では、黒の正方形は8個、白の正方形は6個あり、これは矛盾である。したがって、**図3**に7枚の畳をぴったり敷くことはできないのである。

❷ 四則計算、計算規則および計算法則
40 − 16 ÷ 4 ÷ 2 の計算ルール

最 初に、足し算と引き算に関しては、省略する
ことをお許し願いたい。

次に、掛け算に関しては、繰り上がりの部分を理解
するために、3桁同士の掛け算で復習するのが適当
である。たとえば、

$$493 \times 738 = 363834$$

の掛け算は、筆算では

```
      4 9 3
  ×   7 3 8
─────────────
    3 9 4 4
  1 4 7 9
3 4 5 1
─────────────
3 6 3 8 3 4
```

となる。最初の段、2番目の段、3番目の段はそれ

それ以下の式を意味している。

$493 \times 8 = 3944$

$493 \times 30 = 14790$

$493 \times 700 = 345100$

ちなみに最初の式を見ると、3×8で2が十の位に繰り上がり、次に9×8にその2を加えて、7が百の位に繰り上がる。このように、次々と繰り上がっていく仕組みを理解するには、2桁同士の掛け算では不十分である（後述のドミノ倒し現象の説明を参照）。そして、次式に留意して、最後の段を導いている。

$493 \times 738 = 493 \times (8 + 30 + 700)$

$= 493 \times 8 + 493 \times 30 + 493 \times 700$

なお、筆算の2番目の段では14790の最後の0が、3番目の段では345100の最後の00がそれぞれ省略されていることに注意する。

2005年頃、インドのある算数教科書を見ていると

き、ふと下記のような記法で指導している部分を見
つけて感激したものである。

$$
\begin{array}{r}
493 \\
\times\ 738 \\
\hline
3944 \\
14790 \\
345100 \\
\hline
363834 \\
\end{array}
$$

さて、ドミノ倒し現象で、図の（ア）では倒すAと
倒されるBの関係だけである。しかし（イ）では、
倒すCと倒されるEはそれぞれA、Bと同じであるが、
Dは違う。DはCによって倒されると同時にEを倒
しているので、「倒されると同時に倒す」働きをす
る牌である。

そのような牌の存在を理解することが、ドミノ倒し
現象の本質を理解することである。

Dの働きが、3桁同士の掛け算で「下から送ってき
た数を十の位に足すと同時に、百の位に新たな数を
送る」という作業と本質的に同じであることをご理

解いただけるだろう。

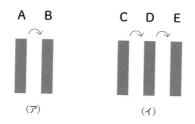

参考までに筆者は2000年前後に、3桁同士の縦書き掛け算の教育が必要であることを、朝日新聞2000年5月5日の「論壇」などで強く訴えた。残念ながら2002年からの「ゆとり教育」では、3桁同士の掛け算は算数教科書からは消えてしまった。ところが、国立教育政策研究所は2006年7月に、「特定の課題に関する調査（算数・数学）」（小4〜中3の約3万7000人対象）に関して次の報告をした。

小4を対象とした「21×32」の正答率（正解は672）が82.0％であったものの、「12×231」のそれ（正解は2772）が51.1％に急落したこと。
さらに小5を対象とした「3.8×2.4」の正答率（正

解は9.12）が84.0%であったものの、「2.43 × 5.6」
のそれ（正解は13.608）が55.9%に急落したこと。

それを機に、「3桁同士、あるいは最低でも3桁×2
桁の掛け算は学ばなくてはならない」という機運が
高まってきた。

まもなくして筆者は、文部科学省委嘱事業の「（算
数）教科書の改善・充実に関する研究」専門家会議
委員に任命された（2006年11月〜2008年3月）。その
議論の結果、掛け算の桁数の問題、四則混合計算の
問題、小数・分数の混合計算の問題……等々につい
ての持論を最終答申に盛り込んでいただき、その後
の学習指導要領下の算数教科書では掛け算の桁数の
問題は改善されてきた。

間に0が入る掛け算は、たとえば

$$493 \times 708 = 493 \times (8 + 700)$$
$$= 493 \times 8 + 493 \times 700$$

というように考え、筆算では次のように表す。

$$
\begin{array}{r}
493 \\
\times\,708 \\
\hline
3944 \\
3451 \\
\hline
349044
\end{array}
$$

次に割り算が、足し算、引き算、掛け算などと異なる重要な点は、「あまり」である。

　$17 \div 5 = 3$ あまり 2

という式の理解は、たとえば17個の飴玉を5個ずつに分けると、三つの山ができて、あと2個余る。この式を筆算で書くと、

$$
\begin{array}{r}
3 \\
5\,\overline{)\,17} \\
15 \\
\hline
2
\end{array}
$$

となる。ここで、商の3は次のように理解しておく
とよい。

$$17 - 5 = 12$$
$$12 - 5 = 7$$
$$7 - 5 = 2$$

5を3回まで
引くことができる。

この意味を理解していない人は意外と多いので、注
意したい。

割り算の筆算を、7648 ÷ 27 という具体例によって
も復習しておこう。

```
          2 8 3
  27 ) 7 6 4 8
        5 4
        2 2 4
        2 1 6
            8 8
            8 1
              7
```

まず、7648 から 27 を、何百回引くことができるか

を考える。27に3を掛けると81なので、300回引くことはできない。

しかし、27に2を掛けると54なので、200回は引くことができる。そこで、7648の百の位の6の上に2を書く。

次に、7648から5400を引いた結果の2248から27を何十回引くことができるかを考える。

27に8を掛けると216で、また224と216は8しか違わないので、80回引くことができる。そこで、7648の十の位の4の上に8を書く。

次に、2248から2160を引いた結果の88から27を何回引くことができるかを考える。

27に3を掛けると81で、また88と81は7しか違わないので、3回引くことができる。そこで、7648の一の位の8の上に3を書く。

要するに、7648から27を合計283回引くことができて、最後の段の7があまりとなる。以上から、

　7648 ÷ 27 = 283 あまり 7

が導かれた。

ところで、次の二つの割り算はどちらも「2あまり1」という答えは同じである。

7 ÷ 3 = 2あまり1
31 ÷ 15 = 2あまり1

しかし、7 ÷ 3と31 ÷ 15は等しくないことに注意する（次節の分数を参照）。
また、「0で割る」ことは考えないことにする。

例

筆者は2016年の夏に羽田・石垣島間、秋に羽田・函館間を往復した。そのとき、利用した飛行機の乗客定員数とトイレの数を調べて割り算をしたところ、結果は以下のようになった。ずいぶんと違う結果である。

（飛行機の機種）:（乗客定員数）÷（トイレの数）
B787型飛行機：335 ÷ 4 = 83.75
B777-200型飛行機：405 ÷ 6 = 67.5
B767-300型飛行機：270 ÷ 5 = 54

現在は「1単位当たりの視点」で考える時代になっている。割り算は、いろいろな課題の提言にも使えるのである。

例題 •

誕生日当てクイズ

1990年代後半にいくつかの誕生日当てクイズを考えて、その中から25年ぐらい使い続けて、多くの子ども達に喜んでもらっている質問である。

生まれた日を10倍して、それに生まれた月を加えてください。その結果を2倍したものに生まれた月を加えると、いくつになりますか。

筆者は質問の回答から瞬時に回答者の誕生日を暗算で当てるのであるが、生まれた月を x 、生まれた日を y とすると、この質問では

$$(10 \times y + x) \times 2 + x = 20 \times y + 2 \times x + x$$
$$= 3 \times x + 20 \times y \quad \cdots\cdots❶$$

を尋ねている。

そして誕生日の見付け方は、まず、質問に対する「答え」を 20 で割ったあまりを考える。すなわち、$3 \times x + 20 \times y$ を 20 で割ったあまりを考えるので、

$$3 \times x + 20 \times y \text{ を 20 で割ったあまり}$$
$$= 3 \times x \text{ を 20 で割ったあまり} \quad \cdots\cdots❷$$

が成り立つ。

20 で割ったあまりとは、20 を次々と引いていき、これ以上引けなくなったときのあまりなので、20 × y はその過程で無くなるからである。❷を踏まえて、次の表を考えてみる。

表1

x (月)	1	2	3	4	5	6	7	8	9	10	11	12
$3 \times x$	3	6	9	12	15	18	21	24	27	30	33	36
20で 割った 余り	3	6	9	12	15	18	1	4	7	10	13	16

表1の最下段の数字はすべて異なるので、それぞれに対応する上段の数字を見ることによって、x が求まる。そして x が求まれば、❶を使って y も求まるのである。

例1　**質問**に対する答えが141のときは、

$141 \div 20 = 7$ あまり 1

なので、**表1**の最下段の「1」に注目して $x = 7$、すなわち7月生まれが導かれる。そして、

$$3 \times 7 + 20y = 141$$
$$20y = 120$$

と計算して $y = 6$、すなわち 6 日生まれが導かれる。

（例2） **質問**に対する答えが 535 のときは、

$$535 \div 20 = 26 \text{ あまり } 15$$

なので、**表1**の最下段の「15」に注目して $x = 5$、すなわち 5 月生まれが導かれる。そして、

$$3 \times 5 + 20y = 535$$
$$20y = 520$$

と計算して $y = 26$、すなわち 26 日生まれが導かれるのである。

次に、この問題を考えよう。

$$40 - 16 \div 4 \div 2$$

最初に正解を述べると

$$40 - 16 \div 4 \div 2 = 40 - 4 \div 2 = 40 - 2 = 38$$

となる。簡単だと思うかもしれないが、大学生の10人に1人が間違える問題でもある。

この問題に関して筆者が、2021年6月16日の現代ビジネスの記事で取り上げたところ、予想外の大反響があった。

背景には次の、四則混合計算の規則を十分に理解していないこともあるだろう。

・計算は原則として式の左から行う。

・カッコのある式の計算では、カッコの中をひとまとめに見て先に計算する。

・×（掛け算）や÷（割り算）は＋（足し算）や−（引き算）より結びつきが強いと見なし、先に計算する。

例

$$53 - (8 + 9 \times 3) \div (13 - 24 \div 3)$$
$$= 53 - (8 + 27) \div (13 - 8)$$
$$= 53 - 35 \div 5$$
$$= 53 - 7 = 46$$

ちなみに、（ ）は小カッコ、{ } は中カッコ、[ ] は大カッコである。そして、{ } は（ ）の外側にあり、[ ] は { } の外側にある。

計算法則には以下の三つがあり、それらを順に理解しよう。
なお便宜上、△、□、○は任意の自然数（勝手な正の整数）とする。

交換法則

和（足し算）の交換法則　$\triangle + \square = \square + \triangle$

積（掛け算）の交換法則　$\triangle \times \square = \square \times \triangle$

結合法則

和の結合法則　$(\triangle + \square) + \bigcirc = \triangle + (\square + \bigcirc)$

積の結合法則　$(\triangle \times \square) \times \bigcirc = \triangle \times (\square \times \bigcirc)$

分配法則

$\triangle \times (\square + \bigcirc) = \triangle \times \square + \triangle \times \bigcirc$

以下、具体例によって説明しよう。

和と積の交換法則については、

$\triangle = 3$、　$\square = 5$

の場合について考えよう。

和については、下図のように一列に並べた●の個数を左から数えるのも、右から数えるのも同じであることから理解できる。

　　　3個　　　　　5個
　　　●●●　　　●●●●●

積については、下図のように並べた●の個数を上段から下段に向かって一段ごとに数えるのも、左の列から右の列に向かって一列ごとに数えるのも同じであることから理解できる。

積の交換法則として留意したいことがある。江戸時代の代表的な数学教科書『塵劫記』の最初のほうにある九九の表においては、3 × 6はあるものの6 × 3はないように、△ × □（△ ≦ □）はあるが△ × □（△ > □）はない。

このほうが、積の交換法則をその都度確認するメリットがある。

和と積の結合法則については、

$\triangle = 3$、　$\square = 4$、　$\bigcirc = 5$

の場合について考えよう。

和については、下図のように一列に並んだ●の個数
が左右どちらから数えても合計が同じであることか
ら理解できる。

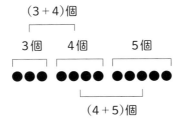

積については次ページ図のように、一辺が1cmの
立方体を積み上げた直方体における立方体の個数を
考える。

直方体としては、縦3cm、横4cm、高さ5cmなので、
立方体の個数を考えると、

$$(3 \times 4) \times 5 = 3 \times (4 \times 5)$$

が導かれる。ちなみに、3 × 4は上段にある立方体の個数で、4 × 5は前面に見える立方体の個数である。

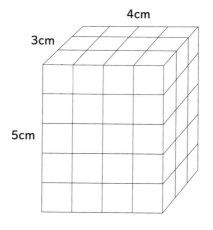

結合法則は、「-」や「÷」に関しては、一般には成り立たないことを具体的に確かめておこう。

$$(8 - 4) - 2 \neq 8 - (4 - 2)$$
$$(8 \div 4) \div 2 \neq 8 \div (4 \div 2)$$

最後に分配法則であるが、

$$\triangle = 3、\quad \square = 2、\quad \bigcirc = 4$$

の場合について考えよう。

下図のように、縦に3個、横に6個の●が並んでいる。したがって、全部で

$$3 \times 6 = 18\ （個）$$

の●が並んでいる。

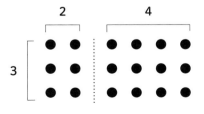

よく見ると、点線で区切られた左側の部分と右側の
部分に分けて考えることができる。そして、

　　左側の部分の● ＝ 3 × 2 ＝ 6（個）
　　右側の部分の● ＝ 3 × 4 ＝ 12（個）

となっている。

全部で18個ある●は、左側にある6個の●と、右
側にある12個の●を合わせたものになっているの
で、

　　$3 \times (2 + 4) = 3 \times 2 + 3 \times 4$

という式の成立を意味している。

誕生日当てクイズが
ウケる背景

90 年代から始めた小中高校への出前授業には 200校以上出掛けたが、「誕生日当てクイズ」はとくに喜んでもらえる。その訳を考えると、一つには「ハイ、ハイ、ハイ」と多くの生徒が元気な声を上げるように、全員参加型になることがあるだろう。一方通行の授業より、対話ができる参加型の授業のほうが面白いはずである。

また、一つの計算式で月と日の二つの値を当てることが不思議に思えるようだ。そこで思い出すのは、1965年にノーベル物理学賞を受賞した朝永振一郎は、「不思議だと思うこと、これが科学の芽です」という名言を残していることだ。「不思議だと思うこと」を体験し、「どうして？」という疑問を抱き、それに納得がいく説明を受け、その応用を模索する、本当はこのような流れで「数学」を学ぶと良いのである。

仕組みを聞くときの生徒諸君の表情は活き活きとして、元気をもらう気持になる。

復習問題

問1 本文（35ページ）に紹介してある「誕生日当て
クイズ」で、質問に対する回答が「443」であ
る人の誕生日を当てよ。

問2 次の四則混合計算をせよ。

(1) $7 \times \{(28 - 7) \div 3 + 3\} \div 5$

(2) $53 - (8 + 9 \times 3) \div (13 - 24 \div 3)$

問3 日常生活で誰もが使っている10進法は、

1, 2, 3, 4, 5, 6, 7, 8, 9, 10, 11, 12, …,
99, 100, 101, …

というように、10個の数字0, 1, 2, 3, 4, 5,
6, 7, 8, 9を用いている。この10進法の由来
は人間の手の指が10本ということであるが、
計算機で用いられている2進法は電気のON、
OFFの二つに対応する2個の数字0と1を用

いている。そして2進法は、

　1, 10, 11, 100, 101, 110, 111,
　1000, 1001, 1010, 1011, …

というように増えていく。

　10進法の1 = 2進法の1
　10進法の2 = 2進法の10
　10進法の4 = 2進法の100
　10進法の8 = 2進法の1000
　10進法の16 = 2進法の10000

というようになっている。

10進法の21を2進法で表すと、いくつになるか。

また、2進法の11010を10進法で表すといくつに
なるか。

問 1 解答

$443 \div 20 = 22$ あまり 3

なので、1月生まれである。

$3 \times 月 + 20 \times 日 = 443$

において月が1なので、

$20 \times 日 = 440$、　$日 = 22$

が分かる。答えは1月22日である。

問 2 解答

(1) $7 \times \{(28 - 7) \div 3 + 3\} \div 5$

$= 7 \times (21 \div 3 + 3) \div 5$

$= 7 \times (7 + 3) \div 5$

$= 7 \times 10 \div 5$

$= 70 \div 5 = 14$

(2) $53 - (8 + 9 \times 3) \div (13 - 24 \div 3)$

$= 53 - (8 + 27) \div (13 - 8)$

$= 53 - 35 \div 5$

$= 53 - 7 = 46$

10進法の21

= 10進法の16 + 10進法の4 + 10進法の1

= 2進法の10000 + 2進法の100 + 2進法の1

= 2進法の10101

2進法の11010

= 2進法の10000 + 2進法の1000 + 2進法の10

= 10進法の16 + 10進法の8 + 10進法の2

= 10進法の26

❸ 小数と分数
小数同士の割り算の注意点

歴 史的に振り返ると、小数と分数とでは大きな違いがある。分数の概念は、古代エジプトにあった。当時用いられていた文字の一つである「ヒエログリフ」では、1、2、3、4、10を順に

$$Ⅰ、ⅠⅠ、ⅠⅠⅠ、ⅠⅠⅠⅠ、∩$$

で表した。

さらに、たとえば3分の1と10分の1はそれぞれ、ヒエログリフで「口（くち）」を意味する

を「ⅠⅠⅠ」と「∩」の上に付けて、下のように表した。

分数は、いくつかある物品を公平に分ける必要性か
ら誕生したのである。

小数は、フランドル（現ベルギー）出身の数学者、物
理学者、会計学者であったシモン・ステヴィン
（1548 – 1620）によって発見された。
もっとも、その表記は現在とは若干異なり、小数
5.912 を

5 ⓪ 9 ① 1 ② 2 ③

というように表していた。ステヴィンの発見のきっ
かけは金利の複利法であり、他のものに広く応用さ
れていった。
1875年から1879年まで日本の工部大学校（東京大
学工学部の前身）に招かれて教鞭を執った英国の応用
数学者・数学教育者ジョン・ペリー（1850 – 1920）
の教えは、技術立国・日本の礎の一角を築いたとい
える。
立体図形や小数計算を重視した発想は、工業の発展

における柱となった。とくにペリーは、方眼紙を使って関数値をグラフに描かせる指導を大切にしたことからも分かるように、小数を徹底して使わせた。その先には、微分積分を実際に早く応用させる狙いがあった。工業立国としての戦後の目覚ましい発展の陰には、そのようなペリーの教えもあったと考える。

一方、現在の情報・通信時代では、たとえば太陽の黒点の影響で通信路に雑音が入ったりした際に、それを修正するのに符号理論というものが使われている。そこでは「÷」を意味する分数の概念が大きな役割を果たしている。

要するに、高度経済成長期の「小数」重視のアナログ全盛の時代とは違って、デジタル時代では「分数」の概念が重要性を増している、という見方ができるだろう。

上で述べたような歴史的な流れを踏まえたうえで、算数の世界における小数と分数を復習しよう。

物理量に直結する小数では、基準となる1を10等

分した一つを 0.1、0.1 を 10 等分した一つを 0.01、
0.01 を 10 等分した一つを 0.001 と定める。以下、
同様。そして、たとえば 123.456 という小数は

$$123.456 = 123 + 0.1 \times 4 + 0.01 \times 5 + 0.001 \times 6$$

を意味する。

ちなみに 123.456 において、123 を整数部分、4 を
小数第1位、5 を小数第2位、6 を小数第3位……と
いう。

小数同士の足し算、引き算は、小数点の位置を揃え
て計算することに留意すれば、整数同士の足し算、
引き算と同様に計算すればよい。

なお、小数点以下の桁数が異なる場合は次のように、
0 を付けるなどの工夫をする。

$$3.567 + 27.69 \qquad \begin{array}{r} 3.567 \\ +\,27.690 \\ \hline 31.257 \end{array}$$

17.34 − 7.493

$$\begin{array}{r} 17.340 \\ -\ \ 7.493 \\ \hline 9.847 \end{array}$$

次に小数同士の掛け算であるが、こちらも若干の工夫が必要となる。まず、

2 × 3 = 6

に関して、2を100倍した200と、3を10倍した30を掛けると、

200 × 30 = 6000

となる。要するに、一方を100倍して、他方を10倍すれば、結果は1000倍になる。それを参考にして、

6.48 × 5.7

を考えてみよう。

6.48を100倍した648と5.7を10倍した57を掛けると、次のようになる。

```
      648
  ×    57
─────────
     4536
   3240
─────────
    36936
```

この結果は求める計算結果が1000倍されているので、最後に1000で割る必要がある。そこで、6.48 × 5.7の筆算は以下のようになる。

```
     6.4 8
  ×   5.7
─────────
    4536
  3240
─────────
   36.936
```

先の計算では、途中まではあたかも 648 × 57 を計算するかのようにして、最後に最下段の数を1000で割って、後ろから三つ目の数の9の前に小数点を打つのである。

次に小数同士の割り算であるが、これに関しては「あまりのない問題」の次に「あまりのある問題」を説明しよう。まず準備として、以下の計算を確認する。

$$600 \div 300 = 2$$
$$60 \div 30 = 2$$
$$6 \div 3 = 2$$
$$0.6 \div 0.3 = 2$$
$$0.06 \div 0.03 = 2$$

☆

（☆）では割る数と割られる数が、ともに10分の1、100分の1、1000分の1……になれば、商は同じになることを示している。そして 36.936 ÷ 5.7 を例にして、あまりのない筆算を説明する。

```
           6.48
    5.7 ) 36.936
          342
          273
          228
          456
          456
            0
```

上の筆算では、(☆) を参考にして 36.936 ÷ 5.7 の
代わりに 369.36 ÷ 57 を計算している。これは、小
数 ÷ 整数の筆算に帰着させていることに注意する。
5.7 の 7 の下と 36.936 の 9 の下に「‥」があるのは、
小数点の位置をずらしている記号である。
次の準備として、以下の計算を確認する。

$$700 \div 300 = 2 \cdots 100$$
$$70 \div 30 = 2 \cdots 10$$
$$7 \div 3 = 2 \cdots 1$$
$$0.7 \div 0.3 = 2 \cdots 0.1$$
$$0.07 \div 0.03 = 2 \cdots 0.01$$
$$0.007 \div 0.003 = 2 \cdots 0.001$$

*

なお、「…」は「あまり」の意味である。（＊）が
示していることは、割られる数と割る数が、ともに
10倍、100倍、1000倍になれば、商は同じでも、
あまりはそれぞれ10倍、100倍、1000倍になって
いることである。

小数同士の割り算を考えるとき、以下の二つの例の
ように、小数点をずらして小数÷整数の割り算を行
い、あまりの小数点の位置はずらした分を戻した位
置になることに注意する。

また、求めた「あまり」が正しいか否か分からなく
なった場合は、

　7÷3＝2 … 1
　7（割られる数）－3（割る数）×2（商）＝1（あまり）

を参考にして、求めた「あまり」をチェックするこ
とができる。

例1 2.8÷7.3の商を小数第2位まで計算してあまりも求めると、商は0.38、あまりは0.026となる。

```
        0.3 8
7.3 ) 2.8 0
      2 1 9
        6 1 0
        5 8 4
        0.0 2 6
```

$(2.8 - 7.3 \times 0.38 = 0.026)$

例2 7.232÷8.81の商を小数第2位まで計算してあまりも求めると、商は0.82、あまりは0.0078となる。

```
         0.8 2
8.81 ) 7.2 3 2
       7 0 4 8
         1 8 4 0
         1 7 6 2
         0.0 0 7 8
```

$(7.232 - 8.81 \times 0.82 = 0.0078)$

ここから分数を導入しよう。分数は小数と違って、任意の自然数（正の整数）△に対して、基準となる1を△等分したものを $\frac{1}{\triangle}$ と定める。そして、その2個分を $\frac{2}{\triangle}$、その3個分を $\frac{3}{\triangle}$ ……と定める。ちなみに、図の☆の部分は $\frac{1}{7}$、★の部分は $\frac{4}{7}$ になる。

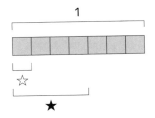

分数においては明らかに、以下が成り立つ。

$$\frac{1}{10} = 0.1、\quad \frac{1}{100} = 0.01、\quad \frac{1}{1000} = 0.001……$$

分数 $\frac{\square}{\triangle}$ の△を分母といい、□を分子という。そして、△＞□のとき $\frac{\square}{\triangle}$ を真分数、△≦□のとき $\frac{\square}{\triangle}$ を仮分数という。

分母が同じ分数同士の足し算、引き算はやさしく理解できる。たとえば、

$$\frac{3}{7} + \frac{2}{7} = \frac{3+2}{7} = \frac{5}{7} \text{、} \qquad \frac{3}{7} - \frac{2}{7} = \frac{3-2}{7} = \frac{1}{7}$$

となる。

ここで、自然数 n と自然数△に対して、

$$\frac{1 \times \triangle}{\triangle} = 1 \text{、} \qquad \frac{2 \times \triangle}{\triangle} = 2 \text{、} \qquad \frac{3 \times \triangle}{\triangle} = 3 \cdots \cdots \text{、}$$

$$\frac{n \times \triangle}{\triangle} = n$$

が成り立つので、n と分数 $\dfrac{\square}{\triangle}$ の和を考えると、

$$n + \frac{\square}{\triangle} = \frac{n \times \triangle + \square}{\triangle}$$

が成り立つ。そして上式の解を $n\dfrac{\square}{\triangle}$ と書き、「n と $\dfrac{\square}{\triangle}$」と呼ぶ。一般にこのような分数を帯分数という。

例

$$3\frac{3}{5} = \frac{3 \times 5 + 3}{5} = \frac{18}{5}$$

$$\frac{23}{7} = \frac{3 \times 7 + 2}{7} = 3\frac{2}{7}$$

後述するように、仮分数は掛け算や割り算などを計算するときに便利である。それでは、帯分数はどのような面で意義があるのだろうか。それは、

$$\frac{557301}{397} = 1403\frac{310}{397}$$

を見ても分かるように、大体いくつぐらいの整数に近いのか、ということが直ぐに分かることである。なお数学の世界では、

$$n\frac{\square}{\triangle} = n \times \frac{\square}{\triangle}$$

と解釈することもあるので、注意が必要である。だからこそ、中学数学以降では帯分数をあまり用いな

いのである。

次に、分母同士が異なる二つの分数の足し算、引き算を行うために、通分を導入しよう。まず準備として、任意の自然数 n と任意の分数 $\dfrac{\square}{\triangle}$ に対し、

$$\frac{\square}{\triangle} = \frac{\square \times n}{\triangle \times n}$$

が成り立つことに注意する。ちなみに、右辺を左辺にする計算を「約分」という。
この性質に関しては、たとえば

$$n = 3、\quad \square = 2、\quad \triangle = 5$$

として、次ページの図を用いて具体的に理解しよう。

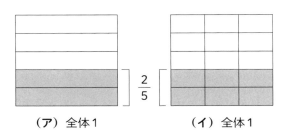

（ア）全体1　　　　　（イ）全体1

（ア）は1を横に5等分したもので、（イ）は（ア）を縦に3等分したものである。そこで、（イ）における小さい長方形は、1を15等分した $\frac{1}{15}$ である。したがって、（ア）と（イ）の灰色の部分を見比べることにより、

$$\frac{2}{5} = \frac{6}{15} = \frac{2 \times 3}{5 \times 3}$$

が理解できる。ここで、$\frac{6}{15}$ を $\frac{2}{5}$ にする計算が約分である。

通分とは、分母が異なる分数同士の足し算、引き算などを行うために、それぞれを同じ分母の分数に直すことである。

（例）

$$\frac{2}{5} + \frac{1}{3} = \frac{2 \times 3}{5 \times 3} + \frac{1 \times 5}{3 \times 5} = \frac{6}{15} + \frac{5}{15} = \frac{11}{15}$$

$$\frac{2}{15} + \frac{1}{10} = \frac{2 \times 2}{15 \times 2} + \frac{1 \times 3}{10 \times 3} = \frac{2 \times 2 + 1 \times 3}{30} = \frac{7}{30}$$

最初の例から分かるように、自然数 a、b、c、d に対して、一般に次の公式が成り立つ。なお、上記は足し算であるが、引き算でも同様である。

$$\frac{b}{a} + \frac{d}{c} = \frac{b \times c + d \times a}{a \times c} \quad \cdots\cdots(1)$$

参考までにこれは、

$$\frac{b}{a} + \frac{d}{c} = \frac{b \times c}{a \times c} + \frac{d \times a}{a \times c}$$

が成り立つからである。

2番目の例から分かるように、同じ分母の分数に直すためには必ずしも（1）のようにしないでも、二つの分母の公倍数（共通の倍数）に分母を揃える方法

もあることに注意する（公倍数などについては次節で学ぶ）。

大切なことは、通分という作業の意味をすっかり忘れて（1）だけを丸暗記して分数の足し算、引き算を計算することは危険、ということである。

余談であるが、2000年前後に、

$$\frac{1}{2} + \frac{1}{3} = \frac{2}{5}$$

と計算する大学生が注目された。実際、そのように分母同士と分子同士をそれぞれ足してしまう大学生はいる。

しかし、そのように計算する大学生でも、ほとんどは小学生の頃には正しく計算できたのである。だが、公式（1）の丸暗記だけで済ます学習法だった。そして（1）を思い出せなくなると、通分を理解していなかったために、上のような奇妙な計算をしても平然としていたのである。

また、通分は分数同士の大小比較にも用いられる。

たとえば $\dfrac{2}{5}$ と $\dfrac{1}{3}$ を比較するとき、それらを通分した $\dfrac{6}{15}$ と $\dfrac{5}{15}$ を比較すればよい。もっとも、分数を小数に直して比較する方法もある。

次に、分数同士の掛け算・割り算を学ぼう。
具体例で説明して一般的な公式を理解してもらう方法もあるが、ここでは一般論としての説明を試みる。分かりにくければ、目標とする公式（Ⅱ）と（Ⅲ）の後に述べるピザのような図を用いて納得するところに進んでいただきたい。
準備として、最初に次の（＊）を導いておく。なお、a、b、c は自然数である。

$$\frac{1}{a} \times \frac{c}{b} = \frac{c}{a \times b} \quad \cdots\cdots(*)$$

まず、

$$\frac{c}{a \times b} \times a = \left(\frac{1}{a \times b} \times c \right) \times a = \frac{1}{a \times b} \times (c \times a)$$

$$= \frac{1}{a \times b} \times (a \times c) = \frac{a \times c}{a \times b} = \frac{c}{b}$$

が成り立つ。ちなみに前ページの計算で、

分数の導入の最初で述べた約束から、最初の等号は
成り立つ。

結合法則が成り立つから、2番目の等号は成り立つ。

交換法則が成り立つから、3番目の等号は成り立つ。

分数の導入の最初で述べた約束から、4番目の等号
は成り立つ。

約分を用いたことから、最後の等号は成り立つ。

したがって、

$$\frac{c}{a \times b} \times a = \frac{c}{b}$$

を得るが、この式の両辺に右から $\frac{1}{a}$ を掛けると、

$$\left(\frac{c}{a \times b} \times a \right) \times \frac{1}{a} = \frac{c}{b} \times \frac{1}{a}$$

が成り立つ。ここで、

$$\text{左辺} = \frac{c}{a \times b} \times \left(a \times \frac{1}{a} \right) = \frac{c}{a \times b}$$

$$\text{右辺} = \frac{c}{b} \times \frac{1}{a} = \frac{1}{a} \times \frac{c}{b}$$

それゆえ、左辺と右辺を取り替えて、

$$\frac{1}{a} \times \frac{c}{b} = \frac{c}{a \times b} \quad \cdots\cdots (*)$$

が導かれたのである。

次に、a、b、c、dを自然数とするとき、

$$\frac{b}{a} \times \frac{d}{c} = \frac{b \times d}{a \times c} \quad \cdots\cdots (\text{II})$$

が成り立つ。なぜならば、

$$\frac{b}{a} \times \frac{d}{c} = \frac{b}{a} \times \left(d \times \frac{1}{c} \right) = \left(\frac{b}{a} \times d \right) \times \frac{1}{c}$$

$$= \frac{b \times d}{a} \times \frac{1}{c} = \frac{1}{c} \times \frac{b \times d}{a} = \frac{b \times d}{c \times a} = \frac{b \times d}{a \times c}$$

となるからである。ちなみに前ページの計算で、

最初の等号は、分数の導入の最初で述べた約束を用いている。

二つ目の等号は、結合法則を用いている。

三つ目の等号は、$\left[\dfrac{1}{a}$ を b 個加えた固まり$\right]$ を d 個加えれば、それは $\left[\dfrac{1}{a}$ を $b \times d$ 個加えた固まり$\right]$ になるからである。

四つ目の等号は、交換法則を用いている。

五つ目の等号は、（＊）を用いている。

最後の等号は、交換法則を用いている。

次に、割り算に関しては、a、b、c、d を自然数とするとき、（III）が成り立つ。

$$\frac{b}{a} \div \frac{d}{c} = \frac{b \times c}{a \times d} \quad \cdots\cdots(\text{III})$$

なぜならば、（II）を用いて

$$\frac{b \times c}{a \times d} \times \frac{d}{c} = \frac{(b \times c) \times d}{(a \times d) \times c} = \frac{b \times (c \times d)}{a \times (d \times c)}$$

$$= \frac{b \times (c \times d)}{a \times (c \times d)} = \frac{b}{a}$$

となるので、

$$\frac{b \times c}{a \times d} \times \frac{d}{c} = \frac{b}{a}$$

が成り立つ。そこで、一般に［A × B = C（B ≠ 0）のとき、A = C ÷ B］が成り立つことを思い出して、

$$\frac{b \times c}{a \times d} = \frac{b}{a} \div \frac{d}{c}$$

が導かれる。そして、左辺と右辺を取り替えれば（III）となる。

例

$$\frac{5}{7} \times \frac{3}{5} = \frac{5 \times 3}{7 \times 5} = \frac{3 \times 5}{7 \times 5} = \frac{3}{7}$$

$$\frac{5}{7} \div \frac{3}{5} = \frac{5 \times 5}{7 \times 3} = \frac{25}{21} = 1\frac{4}{21}$$

ところで公式（II）と（III）に関しては、一般的な
説明を理解しなくても、図による具体的な説明によ
ってそれらを正しく思い出すことができれば、とり
あえず構わないと考える。

たとえば、ピザのような図を用いて考えよう。

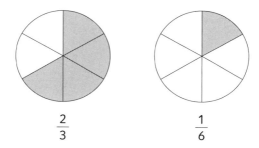

$$\frac{2}{3}$$ $$\frac{1}{6}$$

上の図は、円全体を1と考えている。まず、$\frac{1}{2}$ は
0.5で、0.5を掛けることは半分にすることである。
だから、$\frac{2}{3}$ に $\frac{1}{2}$ を掛けると、その結果は左の図よ
り $\frac{2}{6}$ 、すなわち $\frac{1}{3}$ になればよい。そこで、

$$\frac{2}{3} \times \frac{1}{2} = \frac{2 \times 1}{3 \times 2} = \frac{2}{6} = \frac{1}{3}$$

という計算は納得できる。

次に、左の図と右の図を見比べて、$\dfrac{2}{3}$ を $\dfrac{1}{6}$ で割ると、その結果は4になればよい。そこで、

$$\frac{2}{3} \div \frac{1}{6} = \frac{2 \times 6}{3 \times 1} = \frac{12}{3} = 4$$

という計算は納得できる。

分数の掛け算や割り算の計算方法を確かめるためには、ここで述べたような考え方で構わないと思ったきっかけは、分数の計算をすっかり忘れてしまった大学生の存在である。

せめて、このような方法で公式を確かめることができてほしい、と思ったことが何回かあったのである。

最後に、小数と分数の関係をもう少し学ぼう。まず、無限小数でない有限小数は、必ず分数に直すことができる。たとえば、

$$7.34 = 7 + 0.3 + 0.04 = 7 + \frac{3}{10} + \frac{4}{100}$$

$$= 7 + \frac{30}{100} + \frac{4}{100} = 7\frac{34}{100} = 7\frac{17}{50}$$

次に、$\dfrac{1}{3} = 1 \div 3$ および $\dfrac{1}{11} = 1 \div 11$ を小数に直してみると、

$$\dfrac{1}{3} = 0.33333\cdots\cdots \qquad \dfrac{1}{11} = 0.0909090909\cdots\cdots$$

というように、小数点以下どこまでも3が繰り返し続いたり、09が繰り返し続いたりする数になる。

小数点以下の数が限りなく続く小数を「無限小数」といい、7.342のように小数点以下の数が有限個で終わる小数を「有限小数」という。

実は、有限小数にならない分数は、必ず繰り返しのある「循環小数」という無限小数になる。

ちなみに、円周率 π や中学数学で学ぶ $\sqrt{2}$ などは繰り返しのない無限小数で、このような数を「無理数」という。

とりあえず、有限小数にならない分数は必ず循環小数になることを、$\dfrac{1}{7}$ を例にして説明しよう。$1 \div 7$ を次のように筆算で計算していくと、

$$\frac{1}{7} = 0.142857\ 142857\ 142857\ 142857$$
$$142857\cdots\cdots$$

というように、「142857」が繰り返し続く。

```
        0.1 4 2 8 5 7 1
    7 ) 1.0
        7
        3 0              …第1段
        2 8
          2 0            …第2段
          1 4
            6 0          …第3段
            5 6
              4 0        …第4段
              3 5
                5 0      …第5段
                4 9
                1 0      …第6段
                  7
                  3      …第7段
```

上の式において、第1段から第7段までのあまりに
注目すると、それらは順に3、2、6、4、5、1、3

となっている。

各段における7で割ったあまりは、0以上7未満の整数になるので、0、1、2、3、4、5、6のどれかである。したがって、割り切れないまま無限に小数が続くならば、各段のあまりは必ず1、2、3、4、5、6のどれかなので、それらのある数字は2回以上現れなくてはならない。

前ページの筆算では、第1段と第7段の「3」がそれを表している最初の数字で、第1段と第7段で同じあまりが出たということは、どちらも同じ7で割るので第2段のあまりと第8段のあまりは同じになり、それゆえ第3段と第9段のあまりは同じになり……と以下同様に続くことになる。

そして、それが第7段と第13段のあまりが同じところまでいけば、後は第1段から第6段を一つのセットとした繰り返しが続くことになる。

反対に、循環小数は必ず分数に直せる。

就活の適性検査では頻出なので、例によってこの説明をしよう。その前に、

$$\frac{1}{3} = 0.33333\cdots\cdots = 0.\dot{3}$$

$$\frac{1}{7} = 0.142857142857142857\cdots\cdots = 0.\dot{1}4285\dot{7}$$

のように、循環小数については、繰り返す部分の上に点「・」を書く記法があることを紹介しておく。

例1

$\triangle = 0.\dot{7} = 0.777\cdots\cdots$ という無限小数については、

$$10 \times \triangle = 7.7777\cdots\cdots \quad \cdots\cdots❶$$
$$\triangle = 0.7777\cdots\cdots \quad \cdots\cdots❷$$

なので、❶−❷を考えると以下の式が順に成り立つ。

$$9 \times \triangle = 7$$
$$\triangle = 7 \div 9 = \frac{7}{9}$$

例2

$\triangle = 0.\overset{\bullet}{1}\overset{\bullet}{9} = 0.19191919\cdots\cdots$ という無限小数については、

$100 \times \triangle = 19.19191919\cdots\cdots$ ……❸

$\triangle = 0.19191919\cdots\cdots$ ……❹

なので、❸−❹を考えると以下の式が順に成り立つ。

$99 \times \triangle = 19$

$\triangle = 19 \div 99 = \dfrac{19}{99}$

例3

$\triangle = 4.\overset{\bullet}{1}2\overset{\bullet}{3} = 4.123123123123\cdots\cdots$ という無限小数については、

$1000 \times \triangle = 4123.123123123123\cdots\cdots$ ……❺

$\triangle = 4.123123123123\cdots\cdots$ ……❻

なので、❺－❻を考えると以下の式が順に成り立つ。

$$999 \times \triangle = 4119$$
$$\triangle = 4119 \div 999 = \frac{4119}{999} = 4\frac{123}{999} = 4\frac{41}{333}$$

本節の最後に、「分数・小数の混合計算」について一言述べたい。

頭の中でどのように計算するかを考えてみると、分数か小数のどちらかに統一しなくては計算できないのである。

この種の計算問題は、「ゆとり教育」の時代には教科書にはなかったのであり、二度とそういう時代にならないことを祈っている。

物質の最小限

　中学生の頃、「安心感」を得たいという気持ちから「数学」に興味が集中したことがある。どんなに小さい物質でも、適当な倍率に拡大すると、手のひらサイズになるはずである。イメージとしては、0.000123は1000000倍すると123になり、0.000000123は1000000000倍すると123になり……ということである。そして、手のひらに収まっている物質のごく小さな一部分も、適当な倍率に拡大すると、手のひらサイズになるはずである。この想像は際限なく繰り返し行うことができるので、物質の最小限について考え始めると、不安で夜も眠れないほどだった。その頃に学んだのが、次の数学の公理である。

〈**アルキメデスの公理**　任意の正の数 a, b に対し、$n \times a > b$ となる自然数 n が存在する〉

現在では、素粒子に関する研究が大切だと素人ながら思うが、この公理によって物質の最小限に関する不安が消え、数学に逃避したのである。

復習問題

問 **1** （1）は小数に統一して、（2）は分数に統一して、それぞれ計算せよ。

(1) $2.38 - 3.2 \div 4 \times \dfrac{1}{5} + \dfrac{71}{100}$

(2) $\dfrac{5}{11} \times 3.3 \div \dfrac{9}{2} \times 1.3 + \dfrac{8}{3} \div 1.6 - \dfrac{3}{5}$

問 **2** 割り算 $8.8 \div 2.9$ の商を小数第2位まで求め、あまりも求めよ。

問 **3** 次の無限小数△を分数に直せ。

$$\triangle = 0.036036036036\cdots\cdots$$

問 **1**

解答

(1)　与式 $= 2.38 - 0.8 \times 0.2 + 0.71$

$= 2.38 - 0.16 + 0.71$

$= 2.22 + 0.71 = 2.93$

(2)　与式 $= \dfrac{5}{11} \times \dfrac{33}{10} \times \dfrac{2}{9} \times \dfrac{13}{10} + \dfrac{8}{3} \times \dfrac{10}{16} - \dfrac{3}{5}$

$= \dfrac{5 \times 33 \times 2 \times 13}{11 \times 10 \times 9 \times 10} + \dfrac{5}{3} - \dfrac{3}{5}$

$= \dfrac{13}{30} + \dfrac{25 - 9}{15}$

$= \dfrac{13 + 32}{30} = \dfrac{45}{30} = \dfrac{3}{2}$

問 **2**

解答

下図のように筆算をして、商は3.03、あまりは0.013である。

$$
\begin{array}{r}
3.03 \\
2.9 \,\overline{\smash{)}\, 8.8} \\
8\,7 \\
\hline
1\,0\,0 \\
8\,7 \\
\hline
0.0\,1\,3 \\
\end{array}
$$

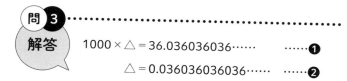

問 ③
解答

$1000 \times \triangle = 36.036036036\cdots\cdots$　　……❶

$\triangle = 0.036036036036\cdots\cdots$　　……❷

であるので、❶−❷を考えると以下の式が順に成り立つ。

$999 \times \triangle = 36$

$\triangle = \dfrac{36}{999} = \dfrac{4}{111}$

4 倍数・約数と素数
最大公約数、最小公倍数の求め方

整 数△と0以外の整数□に対し、一般に、

$$\triangle = \square \times \bigcirc$$

となる整数○があるとき、△は□の倍数、□は△の約数という。とくに、2の倍数を偶数という。ちなみに、

$$0 = 2 \times 0$$

なので、0も偶数である。そして、偶数でない整数を奇数という。

最初に、倍数に関係する符号の例と楽しい小話を述べよう。

例題 •••••••••••••••••••••••••••••••••••••

13桁のバーコード

太い線や細い線が縦に並んでいるバーコードの下には13桁の数字が並んでいる。これを説明すると、

13桁の数の列

$$a_1 \ a_2 \ a_3 \ a_4 \ a_5 \ a_6 \ a_7 \ a_8 \ a_9 \ a_{10} \ a_{11} \ a_{12} \ a_{13}$$

に対して、

$$3 \times (a_2 + a_4 + a_6 + a_8 + a_{10} + a_{12})$$
$$+ (a_1 + a_3 + a_5 + a_7 + a_9 + a_{11} + a_{13}) \quad \cdots\cdots(*)$$

が10の倍数になるように a_{13} は定められている(各 a_i は0から9までの整数)。実際、

4988009440392

という例で確かめると、

$$3 \times (9+8+0+4+0+9)$$
$$+ (4+8+0+9+4+3+2) = 3 \times 30 + 30 = 120$$

となっている。

もし13桁のバーコードにあるa_1, a_2, ..., a_{13}のうちの一つのa_i（$1 \leq i \leq 13$）［$\leq$は$\leqq$のこと］だけを読み誤って、bと読んだとしよう（$a_i \neq b$）。

このとき、a_iをbに取り替えて行った（＊）の計算結果は10の倍数にならないことがわかる。だからこそ13桁のバーコードは、たとえ1文字間違って読み込んでしまっても、それを認識できるようになっているのである。

例題 •

倍数の小話

ある日、お母さんは小学生の兄と妹に、「今日は家でパーティーがあるのよ。5000円札を渡すから、270円のお弁当を7個と、他に60円のお団子と90円の草もちを適当に交ぜて買ってきてちょうだい」とお使いを命じた。

お店に着くと兄は妹に「お釣り、ちょっとごまかして、二人で100円ずつもらって、近くのコンビニで1本100円のアイスキャンディーを1本ずつ買って食べない？　どうせお母さんは算数が苦手だし忙しいからバレないよ」と言ったところ、妹は「お兄ちゃん、ちょっと悪いことだけど、一緒に仲良くアイスキャンディーを1本ずつ食べたいね」と返事をした。

結局二人は、270円のお弁当7個と、60円のお団子と90円の草もちをそれぞれ18個ずつ買って、中が見えないように袋に入れてもらった。

それらの合計金額は

$$270 \times 7 + 60 \times 18 + 90 \times 18 = 4590 \text{（円）}$$

となり、二人はお釣りの410円から200円をこっそり取って、コンビニで1本100円のアイスキャンディーを1本ずつ買って食べて帰った。

二人は帰宅すると、すぐに「お母さん、袋の中にお団子と草もちとお弁当が入っています。ハイ、お釣りの210円です」と言って、お母さんに210円を渡した。するとお母さんは袋の中を見ることもせず、いきなり「ちょっと、二人は私にうそを言っているでしょ」と叱った。

なぜ、お母さんはそのように叱ることができたのだろうか。

まず、お弁当とお団子と草もちの値段はどれも30の倍数である。そこで、合計金額も30の倍数になる。そして、兄妹がお母さんに渡したお釣りの210円も30の倍数である。

したがって、それらを合わせた合計金額も30の倍

数になるが、5000円は30の倍数ではないので、矛盾である。

それゆえ、お母さんは二人のうそを見抜いたのである。

6は1、2、3、6で割り切れるが、7を割り切る自然数（正の整数）は1と7だけである。

7のように、1とそれ自身以外では割り切れない2以上の自然数を素数という。なお、1は素数には含めない。

素数を小さいほうから列挙していくと、

　2、3、5、7、11、13、17、19、23……

となる。

また、素数でない2以上の自然数を合成数という。

合成数を小さいほうから列挙していくと、

　4、6、8、9、10、12、14、15、16……

となる。

整数 m に対し、m の約数となる素数 p を m の素因数という。3 は 12 の素因数、5 は 30 の素因数である。

素数のリストを作ろうとするとき、ここで紹介するエラトステネス（紀元前275 – 前194）の篩の方法は素朴で素晴らしいものである。

この方法で100未満の素数の表を作ってみよう。パソコンを使うと、この方法で相当大きな素数表も作ることができる。

準備として、2以上100未満の整数 m が素数でないとする。m の素因数のうちで一番小さいものを p とすると、m は $p \times p$ 以上になる。

そこで、p が10より大きいならば、m と $p \times p$ は100より大きくなってしまうので矛盾である。したがって、p は10未満の素数となり、p は 2，3，5，7のどれかになる。

つまり、2以上100未満の整数で素数でないものは、2，3，5，7のどれかを素因数としてもつ。それゆえ、2，3，5，7のどれでも割り切れない2以上100未満

の整数は、必ず素数になる。

以上から、次のことが分かる。

下のように2以上100未満の整数の表を書いて、2以外の2の倍数全部を線で消す。続けて、3以外の3の倍数全部、5以外の5の倍数全部、7以外の7の倍数全部も線で消す。

	2	3	4	5	6	7	8	9	~~10~~
11	~~12~~	13	~~14~~	~~15~~	~~16~~	17	~~18~~	19	~~20~~
~~21~~	~~22~~	23	~~24~~	~~25~~	~~26~~	~~27~~	~~28~~	29	~~30~~
31	~~32~~	~~33~~	~~34~~	~~35~~	~~36~~	37	~~38~~	~~39~~	~~40~~
41	~~42~~	43	~~44~~	~~45~~	~~46~~	47	~~48~~	~~49~~	~~50~~
~~51~~	~~52~~	53	~~54~~	~~55~~	~~56~~	~~57~~	~~58~~	59	~~60~~
61	~~62~~	~~63~~	~~64~~	~~65~~	~~66~~	67	~~68~~	~~69~~	~~70~~
71	~~72~~	73	~~74~~	~~75~~	~~76~~	~~77~~	~~78~~	79	~~80~~
~~81~~	~~82~~	83	~~84~~	~~85~~	~~86~~	~~87~~	~~88~~	89	~~90~~
~~91~~	~~92~~	~~93~~	~~94~~	~~95~~	~~96~~	97	~~98~~	99	

すると、線を引かれずに残った整数は以下の通りとなる。

2, 3, 5, 7, 11, 13, 17, 19, 23,
29, 31, 37, 41, 43, 47, 53, 59,
61, 67, 71, 73, 79, 83, 89, 97

これらが100未満の素数全部なのである。

紀元前300年頃のギリシャの数学者ユークリッドは、素数は無限個存在することを証明した。その証明法は、「素数は有限個しかない」として矛盾を導く背理法によるものであった。

その後、素数は無限個あることの証明はいくつか発見されたが、どれも簡単なものではなかった。

ところが2006年に、サイダックという数学者が非常に分かりやすい証明を発表した。次に、この証明法を紹介しよう。

言葉の準備として、自然数 a と b の公約数とは、a と b 両方の約数のことである。a と b の公約数となる自然数が1しかないとき、a と b は互いに素という。たとえば、12と18の公約数となる自然数は1と2と3と6で、12と35は互いに素である。

例題 ●

サイダックによる証明

まず、2以上の任意の自然数 m に対し、m と $m+1$ は互いに素、すなわち m と $m+1$ は1以外の公約数はないことを示す。

なぜならば、もし m と $m+1$ が2以上の公約数 a をもつならば、

$$m = a \times b, \quad m+1 = a \times c$$

となる自然数 b と c がある（$b < c$）。よって、

$$(m + 1) - m = a \times c - a \times b = a \times (c - b)$$
$$1 = a \times (c - b) \geqq a \quad [\geqq \text{ は} \geqq \text{のこと}]$$

となって、a は 2 以上なので、これは矛盾である。
いま、n を 2 以上の自然数として、n の素因数 p_1
をとる。次に、

$$n \text{ と } n + 1$$

は互いに素なので、$n + 1$ の素因数 p_2 を考えると、
p_2 は n の素因数 p_1 とは異なる。次に、

$$n \times (n + 1) \text{ と } n \times (n + 1) + 1$$

は互いに素なので、$n \times (n + 1) + 1$ の素因数 p_3 は
$n \times (n + 1)$ の素因数 p_1、p_2 とは異なる。
次に、

$$\{n \times (n + 1)\} \times \{n \times (n + 1) + 1\} \text{ と}$$

$$\{n \times (n+1)\} \times \{n \times (n+1)+1\}+1$$

は互いに素なので、$\{n \times (n+1)\} \times \{n \times (n+1)+1\}+1$ の素因数 p_4 は $\{n \times (n+1)\} \times \{n \times (n+1)+1\}$ の素因数 p_1、p_2、p_3 とは異なる。

以下、同様の議論を続けることによって、素数は無限個存在することが分かる。

素数に関しては、誰でも考えることができる未解決問題がいくつかある。そのような問題を二つ紹介しよう。

双子素数の問題

p と $p+2$ の両方が素数となる対を双子素数という。たとえば、3と5、5と7、11と13、17と19、29と31……などは双子素数である。「双子素数は無限個存在するのではないか」という予想問題である。

ゴールドバッハの問題

「4以上のすべての偶数は二つの素数の和として表されるのではないか」という予想問題である。たとえば、

$$4 = 2 + 2 \quad 6 = 3 + 3 \quad 8 = 3 + 5 \quad 10 = 3 + 7 = 5 + 5$$
$$12 = 5 + 7 \quad 14 = 3 + 11 = 7 + 7 \quad \cdots\cdots$$

というようになっている。計算機の発達に伴って、予想が正しいことは400京までの偶数で確かめられている（京は兆の1万倍）。

$$15 = 3 \times 5$$
$$20 = 2 \times 2 \times 5$$
$$60 = 2 \times 2 \times 3 \times 5$$

上の三つの式を見ると、どの式もいくつかの素数の積として表されている。すなわち、それぞれ素因数の積として表されていて、順に15の素因数分解、20の素因数分解、60の素因数分解という（素因数の

順番は問わない)。

すべての自然数について、素因数分解は一意的（唯一通り）に表せることが知られており（拙著『新体系・高校数学の教科書（上）』［講談社ブルーバックス］を参照）、その性質が現代の暗号理論を支えている。

次に学ぶ最大公約数と最小公倍数は、素因数分解の一意性を踏まえている。

自然数 a と b の公約数のうち最大の数を a と b の最大公約数という。

たとえば、180 と 105 の最大公約数を求めてみよう。

まず、それらは

180 = 2 × 2 × 3 × 3 × 5

105 = 3 × 5 × 7

と素因数分解ができる。

素因数分解の一意性から、180 の約数 d をとると、d を素因数分解したとき次の形に表される。ただし、2 も 3 も 5 も 0 個の場合は、$d = 1$ となる。

［2が0個か1個か2個の積］×［3が0個か1個か2個の積］×［5が0個か1個の積］

同じように考えて、105の約数 e をとると、e を素因数分解したとき次の形に表される。ただし、3も5も7も0個の場合は、$e = 1$ となる。

［3が0個か1個の積］×［5が0個か1個の積］×［7が0個か1個の積］

したがって、

180 と 105 の最大公約数 = 3 × 5 = 15

となる。

140 と 260 の最大公約数を求めよう。

$$140 = 2 \times 2 \times 5 \times 7$$
$$260 = 2 \times 2 \times 5 \times 13$$

なので、

$$140 と 260 の最大公約数 = 2 \times 2 \times 5 = 20$$

次に、自然数 a と b の公倍数とは、a と b 両方の倍数のことである。a と b の公倍数のうち最小の数を a と b の最小公倍数という。

たとえば、180 と 105 の最小公倍数を求めてみよう。まず、それらは

$$180 = 2 \times 2 \times 3 \times 3 \times 5$$
$$105 = 3 \times 5 \times 7$$

と素因数分解ができる。

素因数分解の一意性から、180の倍数mをとると、mを素因数分解したとき、2に関しては2個以上の積、3に関しても2個以上の積、5に関しては1個以上の積を含む。

同じように考えて、105の倍数nをとると、nを素因数分解したとき、3に関しては1個以上、5に関しても1個以上、7に関しても1個以上の積を含む。したがって、

180と105の最小公倍数
$= 2 \times 2 \times 3 \times 3 \times 5 \times 7 = 1260$

となる。

例

140と260の最小公倍数を求めよう。

$140 = 2 \times 2 \times 5 \times 7$

$$260 = 2 \times 2 \times 5 \times 13$$

なので、

140 と 260 の最小公倍数
$$= 2 \times 2 \times 5 \times 7 \times 13 = 1820$$

本節の最後に、分数の足し算や引き算の過程で現れ
る通分に関して、最小公倍数の考え方を用いる方法
を、具体例によって紹介しておこう。

$$\frac{3}{10} + \frac{2}{15} = \frac{3 \times 15}{10 \times 15} + \frac{2 \times 10}{15 \times 10} = \frac{45 + 20}{150}$$

$$= \frac{65}{150} = \frac{13}{30}$$

が成り立つ。ここで、

$$10 = 2 \times 5, \quad 15 = 3 \times 5$$

であるので、

10 と 15 の最小公倍数 = $2 \times 3 \times 5 = 30$

である。

そのことを踏まえると、

$$\frac{3}{10} + \frac{2}{15} = \frac{3 \times 3}{10 \times 3} + \frac{2 \times 2}{15 \times 2} = \frac{9+4}{30} = \frac{13}{30}$$

というように、少しやさしく計算できるのである。
もちろん、最小公倍数の考え方を用いなくてはならない、というのは言い過ぎであるが、その考え方を用いると少しやさしく計算できるのは確かである。

（例）

$\dfrac{17}{30} - \dfrac{2}{63}$ を求めよう。

$$30 = 2 \times 3 \times 5, \quad 63 = 3 \times 3 \times 7$$

であるので、

30 と 63 の最小公倍数 $= 2 \times 3 \times 3 \times 5 \times 7 = 630$

となる。したがって、次式を得る。

$$\frac{17}{30} - \frac{2}{63} = \frac{17 \times 21}{30 \times 21} - \frac{2 \times 10}{63 \times 10} = \frac{357 - 20}{630} = \frac{337}{630}$$

カクテルパーティー効果の逆を用いた学び

カクテルパーティーのような騒がしい場所であっても、自分の名前や興味関心がある話題は自然と耳に入ってくるという心理学の「カクテルパーティー効果」は面白い。大学に勤めていた頃、学内にあるカフェテリアでコーヒーを飲みながら数学の問題をたまに考えたが、あまり仕事が捗ったという思い出はない。周囲から数学用語が聞こえてくると、自然とその会話に耳を傾けてしまうからである。

一方、中学生の頃から長距離の各駅停車の列車内で、のんびり数学の本を読むことが好きだった。車内では数学用語が聞こえてこないだけでなく、線路と線路の繋ぎ目から聞こえるガタン・ゴトンという音には、眠気覚ましのプラス効果もあった。このような現象を「逆カクテルパーティー効果」と自分自身で名付けている。母親の介護の関係で深夜営業の喫茶店で数学の問題を考えることがあるが、意味ありげな男女の会話などはあるものの、数学の話は聞こえてこず、逆カクテルパーティー効果があって面白い。

復習問題

問 1 1386 と 450 の最大公約数と最小公倍数を求めよ。

問 2 ある人が、

9784065305397

は13桁のバーコードだと言う。87ページの例題を参考に、これは間違いであることを示せ。

問1 解答

$$1386 = 2 \times 3 \times 3 \times 7 \times 11$$
$$450 = 2 \times 3 \times 3 \times 5 \times 5$$

なので、

最大公約数 $= 2 \times 3 \times 3 = 18$

最小公倍数 $= 2 \times 3 \times 3 \times 5 \times 5 \times 7 \times 11 = 34650$

となる。

問2 解答

13桁の数の列

$$a_1\, a_2\, a_3\, a_4\, a_5\, a_6\, a_7\, a_8\, a_9\, a_{10}\, a_{11}\, a_{12}\, a_{13}$$

がバーコードならば、

$$3 \times (a_2 + a_4 + a_6 + a_8 + a_{10} + a_{12})$$
$$+ (a_1 + a_3 + a_5 + a_7 + a_9 + a_{11} + a_{13})$$

が10の倍数になっている。ところが、問題文にある13

• •

桁の数に関してチェックすると、

$$3 \times (7 + 4 + 6 + 3 + 5 + 9) + (9 + 8 + 0 + 5 + 0 + 3 + 7)$$
$$= 3 \times 34 + 32 = 134$$

となっているので、これは間違いである。

• •

第**2**章

量および比と割合

1 もとにする量と比べられる量
食塩水の濃度、その落とし穴

算数の内容では、「もとにする量」と「比べられる量」の理解が最も難しいようである。中途半端に理解していることから、大きな間違いを引き起こすことになる。

何年か前から一部で「く・も・わ」なる奇妙なものが流行り始めた。

「％」に関してよく分からなくても、暗記した関係式を正しく思い出せれば、当面は困らないかもしれない。しかし、意味を理解しないまま大学生になってしまう者が少なくない。

「く」は比べられる量、「も」はもとにする量、「わ」は割合で、

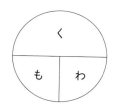

という図式で、

「も」 × 「わ」 = 「く」

というように、下段の二つを順に掛け合わせたもの
が上段のものになると暗記させる。そして、この関
係式を忘れると、とんでもない間違いをしでかして
しまうことになる。

これから、「もとにする量」と「比べられる量」、お
よび「％」について基礎から理解しよう。

「もとにする量」は最初に基準とする量で、「比べら
れる量」はそれと比較する量である。ここで重要な
ことは、「もとにする量」の量と「比べられる量」
の量は同じ内容で、一方が他方の何倍という関係の
意味があるものに限る。

すなわち、両方とも距離のことであるか、両方とも金額のことであるか、両方とも重さのことであるか……等々。この一見当たり前な指摘をあまり見掛けないので、ここではっきり述べておく。

いま、母親の身長が150cmで子どもの身長が120cmとする。母親の身長をもとにする量とし、子どもの身長を比べられる量とすると、比べられる量はもとにする量の $\frac{4}{5}$ 倍である。

逆に、子どもの身長をもとにする量とし、母親の身長を比べられる量とすると、比べられる量はもとにする量の $\frac{5}{4}$ 倍である。

次に、「〜を1とする」という表現を学ぼう。「2000円を1とする」の意味を次の図で考える。この1は同じ1でも、ちょっと大きい1だと思ってみる。

1									
200円	200円	200円	200円	200円	200円	200円	200円	200円	200円

1 の $\frac{1}{10}$ は **0.1** で、**1** の $\frac{1}{100}$ は **0.01** である。2000円を **1** とすると、図より **0.1** は 200円で、**0.01** は 20円である。この大文字を用いるのは導入時のみである。

ここから「%」を導入しよう。「もとにする量」と「比べられる量」の対象となり得る何らかの量を想定し、もとにする量として△を考える。

△を **1** としたときの **0.01** に相当する量（比べられる量）を△の1%という。

たとえば△を2000mとするとき、2000mを **1** としたときの **0.01** に相当する量は20mなので、2000mの1%は20mである。ここから、

  20m = 2000mの1%
  200m = 2000mの10%
  4000m = 2000mの200%

などが分かる。

上の三つの式の左辺のそれぞれは、2000mをもと

にする量としたときの比べられる量である。

一般に、〜％という表現を「百分率」という。また日本式の表現の「歩合」では、10%を1割、1%を1分、0.1%を1厘、0.01%を1毛という。そこで、34.56%は3割4分5厘6毛になる。

ところで、江戸時代の数学教科書『塵劫記』にも書かれているが、江戸時代には「割」の概念がなく、10%を1分、1%を1厘というように、一つずつずれていた。その後、明治から大正の時代にかけて「割」が割り込んできたのである。

よく、「その勝負は五分五分だ」、「その話は九分九厘成功する」と聞くが、それらにおける「分」と「厘」はもちろん「割」と「分」の意味なのである。

もとにする量に対する比べられる量の「割合」とは、比べられる量を「百分率」や「歩合」で表したものである。あるいは、もとにする量を1とするときの割合を示すものとして用いることもある。

たとえば、「2000円に対する460円の割合は0.23

（23％、2割3分）」という。

ここで、その表現に注目すると、

$$2000（円）× 0.23 = 460（円）$$
$$0.23 = 460（円）÷ 2000（円）$$

となっている。これらを一般化して述べると、

　　もとにする量×（もとにする量に対する比べられる量の）割合＝比べられる量
　　（もとにする量に対する比べられる量の）割合＝比べられる量÷もとにする量

という式になる。

2012年度の全国学力テスト（全国学力・学習状況調査）に次の問題が出題された。参考までに述べる。

算数A3（1）（小学6年）

黒いテープと白いテープの長さについて、

「黒いテープの長さは120 cmです」

「黒いテープの長さは、白いテープの長さの0.6倍
です」

が分かっているという前提で、以下の図から適当な
ものを選択させる問題。

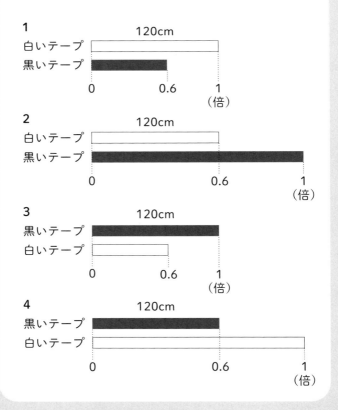

「3」と解答した生徒が50.9％もいる半面、正解の
「4」を解答した生徒が34.3％しかいなかった。も
とにする量と比べられる量の表現について、小学生
が苦手なことを示す結果の一つである。

もとにする量と比べられる量は、意味を理解せずに
「く・も・わ」などの「やり方」を覚えるだけでは
完璧に乗り越えることは難しい内容である。
たとえば、以下の4通り（1）、（2）、（3）、（4）の
表現は、「…」をもとにする量、「～」を比べられる
量として、意味としては同じことを述べている。

（1）　～の…に対する割合は○％
（2）　…に対する～の割合は○％
（3）　…の○％は～
（4）　～は…の○％

しかし、「やり方」だけで学んでいると、それら四
つの表現で混乱してしまうことがよくあるのだ。
大学生でもその傾向があり、就活の適性検査でよく

間違えてしまう。実際、「2億円は50億円の何%か」という質問をすると、「25%」と答える大学生が結構いる（正解は4%）。

次に、「濃度」について考えよう。濃度に関する代表的な問題は、食塩水についてのそれである。ところが、これに関しては、次のように間違える人達が少なくない。

正 食塩水の濃度 $= \dfrac{塩}{塩 + 水} \times 100 (\%)$

誤 食塩水の濃度 $= \dfrac{塩}{水} \times 100 (\%)$

なぜ、このような誤解が生じるのだろうか。それは、意味をしっかり理解するのではなく、正しい式を暗記するだけで済ませているからである。暗記したことを正しく思い出せる間は大丈夫でも、暗記したことをいったん忘れるとメチャクチャな状態になってしまう。

たとえば、「100gの水に10gの食塩を溶かすと何%

の食塩水になるでしょうか」という質問をされると、

　　10 ÷ (10 + 100) = 0.090909……

　　10 ÷ 100 = 0.1

と両方を一応考えてみる。

そして、「きれいに割り切れた0.1のほうが、きっと正解だろう」と思って、「答えは10%です」というように間違えてしまう。

それでは、正しい式を思い出すことができるヒントはないだろうか。それは、以下のように関連する事象を考えてみることである。

「秋田県における女性の比率は〜％というとき、分子は女性の人数。もし分母が女性の人数ならば答えは100%。もし分母が男性の人数ならば、秋田県は女性の人数は男性のそれより多いから、答えは100%を超えてしまう。となると、分母は男性と女性の人数の合計だろう。

そこで、食塩水の濃度は、比べられる量の分子は塩

で、もとにする量の分母は塩＋水である」

2012年度の全国学力テストから加わった理科の中学分野（中学3年対象）で、10%の食塩水を1000gつくるのに必要な食塩と水の質量をそれぞれ求めさせる問題が出題された。

これに関して、「食塩100g」「水900g」と正しく答えられたのは52.0%に過ぎなかった。

実は1983年度に、同じ中学3年を対象にした全国規模の学力テストで、食塩水を1000gではなく100gにしたほぼ同一の問題が出題された。このときの正解率は69.8%だったのである。

ほぼ同一の問題で行った二つの大規模調査結果において、正答率で約5割と約7割という違いが出ることは一大事である。「ゆとり教育」による学力低下ばかりでなく、理解無視の暗記による教育も原因にあるだろう。

もとにする量と比べられる量に関しては、食塩水の濃度に限らず、いろいろな例があるので、以下、幅

広く紹介しよう。

例題 ••••••••••••••••••••••••••••••••

打率と出塁率

筆者は子どもの頃からプロ野球を見続けている者と
して、一言述べたいことがある。

打率＝安打数÷打数

はよく知られており、好打者の指標としてよく用い
られている。一方、

出塁率＝（安打数＋四球＋死球）
　　　　÷（打数＋四球＋死球＋犠飛）

はあまり注目されていない。

しかし、通算出塁率0.446の王貞治や0.442の落合
博満の名前を出すまでもなく、出塁率も打率と同等
に注目したいものである。

例題 •

算数としての原価・定価・売値

原価は商品を仕入れたときの値段で、定価は原価に利益を見込んでつけた値段である。売値は、実際に商品を売ったときの値段である。

	値引き額	見込んだ利益	
売値	実際の利益		定価
	原価	原価	

売値から原価を引いた額を「実際の利益」、あるいは単に「利益」という。また、次のように定める。

利益率＝原価に対する利益の割合

値引き率＝定価に対する値引き額の割合

売値が原価を下回った場合、原価から売値を引いた額を「損失額」という。

先に述べたように、「原価・定価・売値」に関する
問題では、利益率と値引き率とで、もとにする量が
異なることに注意していただきたい。

具体的に、ある商品の原価に2割の利益を見込んで
定価をつけたが、売れなかったので定価の1割引の
値段で売った。この場合の利益率を求めてみよう。

原価を△（円）とすると、

定価 = △ + △ × 0.2 = △ × (1 + 0.2) = △ × 1.2

売値 = 定価 − 定価 × 0.1 = 定価 × (1 − 0.1)

　　　= 定価 × 0.9

となるので、

売値 = △ × 1.2 × 0.9 = △ × 1.08

したがって、利益率は8%となる。

例題

合計特殊出生率

現在、少子化の問題がクローズアップされている。筆者は2002年に刊行した子ども向けの絵本『ふしぎな数のおはなし』（数研出版）で、多くのイラストを使って次のことを述べ、深刻な問題であることを訴えた。

「今の日本は若者が少なくなる方向へ向かっています。これについて、合計特殊出生率という言葉を使ってお話ししましょう。合計特殊出生率とは、1人の女性が一生の間に産む子どもの平均数です。合計特殊出生率が2の社会では、大人の世代と子どもの世代の人口がほぼ同じになります。合計特殊出生率が1の社会では、子どもの世代の人口は大人の世代の人口の半分になります。合計特殊出生率が1.5の社会では、子どもの世代の人口は大人の世代の人口の $\frac{3}{4}$ 倍になります」

要するに合計特殊出生率は、1人の女性をもとにする量とするときの、子どもの平均的な人数を比べられる量と考えている。ちなみに、2022年の日本の合計特殊出生率は1.26で、その絵本を刊行した2002年のそれは1.32であった。

例題

日本では夫婦3組に1組が離婚する時代なのか？

日本における2010年の結婚件数は約70万で、離婚件数は約25万である。また、2020年の結婚件数は約53万で、離婚件数は約19万である。これらのデータから、よく「日本では夫婦3組に1組が離婚する時代」と言われる。確かに、

$$70 \div 25 = 2.8 \qquad 53 \div 19 \fallingdotseq 2.8$$

なので、そのような発言が出るのかもしれない。

しかし冷静に考えてみると、上の計算は、それまで結婚生活を送っていた夫婦全体のうちの約 $\frac{1}{3}$ が離

婚したことを示すものではないことは明らかである。そのような背景もあって、人口1000人当たりの離婚件数を離婚率と定めている。ちなみに、2020年の日本の離婚率は1.57である。

例題 ・・・・・・・・・・・・・・・・・・・・・・・・・・・・・・・・・・・

相対的貧困率

2016年8月18日放送の「NHKニュース」で、「貧困女子高校生」が取り上げられ、実際に取材に応じた。それに関して国会議員をも巻き込んで、異なる立場の人たちの間で意見の対立が起こった。

「たいした貧困ではないじゃないか」「この状態で勉学を続けるのは困難ではないか」「日本は格差問題にもっと真剣に取り組むべきだ」等々の意見がネット上を駆け巡ったのである。

偶然にも、将来このようなトラブルが起こることを危惧して相対的貧困率について定義からまとめたことがある（2013年に刊行の拙著『論理的に考え、書く力』［光文社新書］参照）。

まず、貧困には絶対的貧困と相対的貧困があり、前者は、必要最低限の生活水準が満たされていない状態、すなわち衣食住に関しても困っている状態を指す。一方、後者に関しては以下のように捉える。

世帯の可処分所得とは、世帯の所得（世帯員全員の年間所得の合計）から税金と社会保険料を差し引いた残りの所得のことである。

次に世帯の１人当たりの可処分所得を定義するが、世帯には１人もあれば３人もあれば４人もあるように、その構成人数である世帯員数はいろいろ異なるのが普通である。

単純に思い付くことは、世帯の可処分所得を世帯員数で割ることであるが、同じ家の中での生活では共用するものも多く、世帯員数で割ると割る数が大きくなりすぎると判断できる。

そこで現在、国際的に広く採用されている「世帯の１人当たりの可処分所得」は OECD の「等価可処分所得」というもので、

　　世帯の可処分所得÷（世帯員数の正の平方根）

という式によって与えられる。

$$\sqrt{1} = 1, \quad \sqrt{2} = 1.414\cdots\cdots,$$
$$\sqrt{3} = 1.732\cdots\cdots, \quad \sqrt{4} = 2$$

なので、1人世帯、2人世帯、3人世帯、4人世帯それぞれの等価可処分所得は、世帯の可処分所得をそれぞれ1、1.414、1.732、2で割った商になる。

たとえば、夫婦共働きの2人世帯の可処分所得が1414万円の場合、その等価可処分所得は1414万円を$\sqrt{2}$で割って、1000万円となる。

また、父・母と子2人の4人世帯の可処分所得が1000万円の場合、その等価可処分所得は1000万円を2で割って、500万円となる。

次に国民全体の等価可処分所得を大小の順に並べて、その「中央値」の半分に満たない人たちを相対的な貧困層と捉え、その割合をOECDの「相対的貧困率」と定義する。なお、いくつかのデータの中央値

とは、それらを大小の順に並べたときの真ん中の値
である。たとえば、奇数個のデータ

　1，3，6，8，13，17，19

の中央値は8である。また、偶数個のデータ

　1，3，6，8，13，17

の中央値は、真ん中にある二つの数6と8の平均値
7と定める。

厚生労働省発表のデータによると、1985年の日本
の等価可処分所得の「中央値」は216万円で、その
半分の108万円未満の相対的貧困率は12.0%であ
った。そして2009年の等価可処分所得の「中央値」
は実質で224万円（名目で250万円）、その半分の
112万円未満の相対的貧困率は16.0%に上昇した。
なお、名目値とはその年の等価可処分所得をいい、
実質値とはそれを、1985年を基準とした消費者物
価指数で調整したものである。

ここで注意すべきことは、豊かな国の「中央値」と貧しい国の「中央値」には、生活実感として相応な開きがあることだ。要するに、絶対的貧困と相対的貧困とは全く別のものである。それをゴチャゴチャにして議論を展開したから、この例題冒頭に取り上げたニュースがトラブルに発展したのだ。

割合に関する言葉の定義こそ、大切にしたいものである。

復習問題

問 1　20%の食塩水△gから、その $\frac{1}{10}$ を取り出して、取り出した分と同じ量の水を加えて混ぜる。こうしてできた食塩水△gから、またその $\frac{1}{10}$ を取り出して、取り出した分と同じ量の水を加えて混ぜる。何%の食塩水ができたのか。

問 2　10%の食塩水300gに4%の食塩水を加えて7%の食塩水を作りたい。4%の食塩水を何g加えるとよいだろうか。

問 3　商品を値引き率10%で売っても、利益率（定義は122ページを参照）が26%になるようにしたい。定価は原価の何%増しに設定すればよいか。

問 1 解答

当初の食塩水に含まれる食塩の量 = △ × 0.2(g)

最初の取り換え後に残る塩の量

= △ × 0.2 − △ × 0.2 × 0.1（g）

= △ × (0.2 − 0.2 × 0.1)（g）

= △ × 0.18（g）

2回目の取り換え後に残る塩の量

= 最初の取り換え後に残る塩の量 − 最初の取り換え後に残る塩の量 × 0.1（g）

= △ × 0.18 − △ × 0.18 × 0.1（g）

= △ × (0.18 − 0.18 × 0.1)（g）

= △ × 0.162（g）

したがって、2回目の取り換え後の食塩と食塩水の量はそれぞれ△ × 0.162（g）と△（g）なので、その食塩水の濃度は、

$$\frac{\triangle \times 0.162}{\triangle} \times 100 = 0.162 \times 100 = 16.2（\%）$$

となる。

加える4%の食塩水を△gとすると、まず次の2式が成り立つ。

10%の食塩水300gに含まれる食塩の量
= 300 × 0.1 = 30（g）
4%の食塩水△gに含まれる食塩の量 = △ × 0.04（g）

作りたい食塩水の濃度は7%なので、

$$\frac{30 + △ × 0.04}{300 + △} × 100 = 7$$

が成り立たなくてはならない。そこで、

$(30 + △ × 0.04) × 100 ÷ (300 + △) = 7$
$(30 + △ × 0.04) × 100 = 7 × (300 + △)$
$3000 + △ × 4 = 2100 + 7 × △$
$3000 - 2100 = 7 × △ - 4 × △$
$3 × △ = 900$
$△ = 300$（g）

となって、答えは300gである。

問 3
解答 定価を△（円）、原価を□（円）とすると、題
意より

$$\triangle - \triangle \times 0.1 = \square + \square \times 0.26$$

が成り立つ。それゆえ、

$$\triangle \times (1 - 0.1) = \square \times (1 + 0.26)$$
$$\triangle \times 0.9 = \square \times 1.26$$
$$\triangle = \square \times 1.26 \div 0.9 = \square \times 1.4$$

が導かれる。よって、定価は原価の40%増しに設定す
ればよいことになる。

❷ 理科の単位と速さ・時間・距離
旅人算と通過算と流水算

最 初に理科的な単位について、簡単にまとめて
おこう。

◇長さに関しては、

1m（メートル）＝100cm（センチメートル）
1km（キロメートル）＝1000m
1cm＝10mm（ミリメートル）

と定めている。他の理科的な単位でも同じであるが、
k（キロ）は1000倍、m（ミリ）は1000分の1のこ
とである。

◇面積に関しては、

一辺が1cmの正方形の面積を 1cm²
（1平方センチメートル）

一辺が1mの正方形の面積を 1m² (1平方メートル)

一辺が10mの正方形の面積を 1a (1アール)

一辺が100mの正方形の面積を 1ha (1ヘクタール)

一辺が1kmの正方形の面積を 1 km²
(1平方キロメートル)

と定めている。

◇体積に関しては、

一辺が1cmの立方体の体積を 1cm³
(1立方センチメートル)

一辺が1mの立方体の体積を 1m³ (1立方メートル)

1 ℓ (リットル) = 1000 cm³
= 1000m ℓ (ミリリットル)

と定めている。

◇重さに関しては、気温が4°C、気圧が1気圧 (標
準気圧) のもとで1cm³の水は1g (グラム) の重さで

あって、

1g = 1000mg（ミリグラム）
1kg（キログラム）= 1000g
1t（トン）= 1000kg

と定めている。

◆角度に関しては、

1回転を360°（度）、そして直角を90°

と定めている。

ここで、間違いやすい単位の換算について学ぼう。
まず、1mは100cmであるが、1m²は100cm²では
ない。1m²は一辺が100cmの正方形の面積となる
ので、次ページの図を見れば

1m² = 10000cm²

が分かる。一辺が1cmの正方形が100 × 100（個）入るからである。

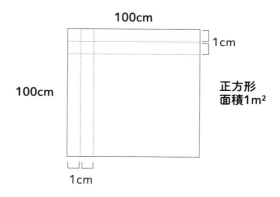

同様に考えて、

$$1km^2 = 1000000m^2$$

が分かる。1km²は、一辺が1mの正方形が1000 × 1000（個）入るからである。

体積に関しても同様に考えて、

$1 m^3 = 1000000 cm^3$

が分かる。$1 m^3$ は、一辺が$1 cm$の立方体が$100 \times 100 \times 100$（個）入るからである。

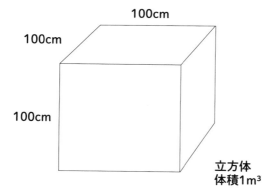

単位の換算では、縮尺が関係する面積についてとくに間違いやすい。実際、就活の適性検査ではその種の問題は頻出である。

次は、重さに関する不思議な問題の紹介である。

例題 ·····························

水1m³の重さは、次の三つのうちのどれになるか を想像していただきたい。

(ア) 10kg　　(イ) 100kg　　(ウ) 1t (1000kg)

【解説】

(イ) を選択する人が多いようである。しかし、正 しいのは (ウ) である。なぜならば、水1m³は水 1000000 cm³となるので、その重さは

1000000g＝1000kg＝1t

になるからである。「トン」というイメージから来 る重さを想像すると、やはり不思議ではある。

日常生活の中で、「時間・距離・速さ」の関係はよ く使われている。「速さ」とは「単位時間あたりに 進む距離」のことである。

たとえば、「時速△km（△km/h）」は1時間に進む距離が△km、「分速△m（△m/min）」は1分間に進む距離が△m、「秒速△m（△m/s）」は1秒間に進む距離が△m……等々。

残念なことに、「時間・距離・速さ」の関係についても、110ページで紹介した「く・も・わ」と同じような「は（速さ）・じ（時間）・き（距離）」という奇妙なものがあって、理解の学びの足を引っ張っている。

これに関しては、同じく「み（道のり）・は（速さ）・じ（時間）」という名称で使われるものもある。

いずれも円の下の二つを掛けると、円の上が答えになるという図である（例：速さ×時間＝距離）。図では、「き÷は＝じ」や「き÷じ＝は」なども意味している。

それらの関係式を正しく覚えているうちはともかく、いったん忘れると間違った関係式を思い出して、誤解答を導いてしまうのである。たとえば、時速20kmで5時間走行すると、「走行距離は4km」という"答え"を出しても平然としている子ども達がいる。

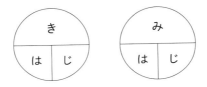

余談であるが、桜美林大学リベラルアーツ学群の教員時代には、「は・じ・き」式の教育は問題である、という筆者と同じ考え方をもった先生方が言語コミュニケーション専攻や情報学専攻や物理学専攻をはじめとして多数おられた関係で、入学時の学生の考え方が、理解を大切にする良い方向に導かれたことを思い出す。

そもそも、たとえば時速20kmとは、1時間に20km進む速さのことで、2時間では40km進み、3時間では60km進み……、ということを理解しておけば、他の速さも同じように理解できる。

さらに「速さ」に関しては、いくつもの架空の文章問題を学ぶ前に、日常生活の場にある身近な具体例で実感しながら学んでおくとよい。

そのようにすれば、「は・じ・き」なる奇妙なもの

を思い出す必要はなく、身近な具体例から時間・距離・速さの関係式を正しく思い出せるのである。

例題 ·································

速さ

❶

新幹線以外の在来線の列車に乗ると、線路と線路の繋ぎ目を車輪が通過するとき、ガタン・ゴトンという音が聞こえる。繋ぎ目を溶接してロングレールにした箇所、あるいはポイントなどを除くと、1本の線路の長さは25mなので列車速度が分かる。

たとえば1秒間に1回、すなわち1分間に60回「ガタン・ゴトン」という音が聞こえるならば、1分間に

$$25 \times 60 = 1500 \ (m) = 1.5 \ (km)$$

進むことになる。それは1時間に

$1.5 \times 60 = 90$（km）

進むので、時速90kmの速さで走行していることが
分かる。

北海道の冬の石北峠などでは、2秒間に1回ぐらい
のペースで、「カタン・コトン」という軽やかな音
が聞こえることもある。その場合は、時速45kmの
速さである。

❷

蟻は、とても働きものだと多くの人達は思っている
だろう。しかし、興味をもってよく観察している専
門家の話では、蟻も人間と似ていて一生懸命働くも
のもいれば、怠け癖の付いているものもいるそうだ。
蟻の歩く速さはそのように、個体や状況によって大
きく違うが、少し早く歩いているかなと思う速さと
して、1秒間に4cm歩く秒速4cmを仮定してよさ
そうである。

秒速4cm ＝ 分速240cm ＝ 分速2.4m

というように表してみると、他の速さと比べること
ができるだろう。

❸

音の速さは秒速約340mで、光の速さは秒速約30
万kmである。それゆえ、少し離れた所から花火大
会を見学する場合、光の速さは無視できるものの、
音の速さは無視できない。

花火が光ってから「ドーン」という音を聞くまで6
秒かかったとする。この場合、自分の位置から花火
までの距離は、音が6秒間に進む距離の

$$340 \times 6 = 2040 \ (\text{m}) ≒ 2 \ (\text{km})$$

となる。

この発想は他にもいろいろ応用できる。たとえば雷
がピカッと光ったのを見てから「ドカーン」と音が
聞こえるまで6秒かかったならば、自分がいる場所
から雷までの距離は約2kmになる。

❹

不動産屋さんの表示で「駅から徒歩7分」とは、「分速80mの速さで歩いて7分の距離」ということである。すなわち、駅から560mの距離ということである。これは山間の駅からでも同じで、相当な健脚の人でないとその時間では歩けない場合もある。

以下、速さに関するよくある文章問題を紹介しよう。

例題 ●

❶旅人算

A君とB君の家の間の距離は1260mである。A君とB君の家を結ぶ一本道がある。A君とB君は、相手の家に向かって同時に歩き始めた。A君は分速65m、B君は分速75mで歩くとき、二人は歩き始めてから何分過ぎに出会うか。

【解説】

二人が歩いているときは、二人の距離は1分間に

$$65 + 75 = 140 \ (m)$$

近くなる。そこで二人は、歩き始めてから

$$1260 \div 140 = 9 \ (分)$$

過ぎに出会うことになる。

❷通過算

同一の速さで走行している電車がある。信号機を通過するのに10秒かかり、その先にある長さ160mの鉄橋を通過するのに18秒かかる。電車の速さと全長を求めよ。

【解説】

電車は信号機を通過するのに10秒かかることから、10秒間で電車の全長と等しい距離を進む。

さらに、18秒間で電車の全長と鉄橋の長さの合計距離を進むことになる。これは次ページの図におい

て、左の状態から右の状態に至るまでの距離を考え
れば分かる。

鉄橋通過の距離

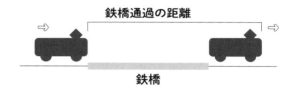

鉄橋

したがって電車は、8秒間で鉄橋の長さ160mを進
む速さで走行している。そこで、

160 ÷ 8 = 20（m/ 秒）

と計算して、電車は秒速20mの速さであることが
分かる。これは分速1.2km、時速72kmである。
また、電車の全長は10秒間に進む距離なので、そ
れは

20 × 10 = 200（m）

となる。

❸流水算

船が川を9km上るのに45分かかり、同じ区間を下るのに36分かかる。このとき、静水での船の速さと川の流れの速さを求めよ。なお、本問解説の最後に主張したいことがあるので、中学数学的に解答を述べることをお許しいただきたい。

【解説】

静水での船の速さを時速△km、川の流れの速さを時速□kmとすると、次の二つの式が成り立つ。

川を船が上るときの見掛け上の速さ
＝時速（△－□）km
川を船が下るときの見掛け上の速さ
＝時速（△＋□）km

そこで、45分は $\frac{3}{4}$ 時間、36分は $\frac{3}{5}$ 時間なので、❶と❷の式が成り立つ。

$$(\triangle - \square) \times \frac{3}{4} = 9 \quad \cdots\cdots❶$$

$$(\triangle + \square) \times \frac{3}{5} = 9 \quad \cdots\cdots ❷$$

❶と❷の式から、次の❸と❹の式が成り立つ。

$$\triangle - \square = 9 \div \frac{3}{4} \quad \cdots\cdots ❸$$

$$\triangle + \square = 9 \div \frac{3}{5} \quad \cdots\cdots ❹$$

❸と❹の辺々を加えることにより、以下の変形が成り立つ。

$$2 \times \triangle = \left(9 \div \frac{3}{4}\right) + \left(9 \div \frac{3}{5}\right)$$

$$\triangle = \left(9 \div \frac{3}{4} + 9 \div \frac{3}{5}\right) \div 2 \quad \cdots\cdots ❺$$

$$\triangle = (12 + 15) \div 2 = 13.5$$

また、❹から❸の辺々を引くことにより、以下の変形が成り立つ。

$$2 \times \Box = \left(9 \div \frac{3}{5}\right) - \left(9 \div \frac{3}{4}\right)$$

$$\Box = \left(9 \div \frac{3}{5} - 9 \div \frac{3}{4}\right) \div 2 \quad \cdots\cdots ❻$$

$$\Box = (15 - 12) \div 2 = 1.5$$

以上から、答えは次のようになる。

静水での船の速さ＝時速13.5km

川の流れの速さ＝時速1.5km

ところで、❺と❻が意味することは、それぞれ

△＝（見掛け上の下りの速さ＋見掛け上の上りの
速さ）÷2 ……❼

□＝（見掛け上の下りの速さ－見掛け上の上りの
速さ）÷2 ……❽

という"公式"が成り立つことである。

中学受験を目指す子ども達に対する教育で、一部ではあるが、上の❼と❽を「流水算専用の"公式"」として教えている。筆者としては、このような"公式"を暗記して流水算を解くぐらいならば、流水算は学ばないほうがよいのではないか、と思ってしまうのである。

復習問題

問 1　A駅からB駅まで行くのに、普通列車で行くよりも特急列車で行くほうが、所要時間は30分短くなっている。普通列車と特急列車の平均速度は、それぞれ時速45kmと時速60kmである。A駅とB駅の距離を求めよ。

問 2　空の水槽に水を入れるA管とB管があり、A管では16分、B管では12分で一杯になる。一方、水槽の水を外に出すためのC管があり、水槽一杯の水は48分で空になる。水槽が空の状態でA管、B管、C管を同時に開くと、一杯になるまで何分かかるか。

問 3　Aさんは分速80m、Bさんは分速60mで歩く。池の周りをAさんとBさんは、同じ場所から同じ方向に同時に出発したところ、Aさんは35分後に初めてBさんを追い抜いた。池の1周は何mか。また、二人が同じ場所から逆の方向に同時に出発すると、出会うのは何分後か。

A駅とB駅の間の距離を△kmとする。A駅から B駅までの普通列車と特急列車の所要時間は、それぞれ

$$\triangle \div 45 \;(時間)、\quad \triangle \div 60 \;(時間)$$

である。したがって、所要時間の差の30分は0.5時間なので、

$$\triangle \div 45 - \triangle \div 60 = 0.5 \;(時間)$$

が成り立つ。

$$\frac{\triangle}{45} - \frac{\triangle}{60} = 0.5$$

の両辺に、45と60の最小公倍数である180を掛けると、

$$\triangle \times 4 - \triangle \times 3 = 90$$
$$\triangle = 90 \;(km)$$

を得る。

問 2

解答　Aは1分間に水槽全体の $\frac{1}{16}$ の水を入れ、Bは1分間に $\frac{1}{12}$ の水を入れ、Cは1分間に $\frac{1}{48}$ の水を出すことになる。したがって3管を同時に開くと、1分間に全体の

$$\frac{1}{16} + \frac{1}{12} - \frac{1}{48} = \frac{3 + 4 - 1}{48} = \frac{1}{8}$$

の水を入れることになる。よって、答えは8分である。

問 3

解答　AとBは1分間に20mの差がつくことになる。Aが35分後に初めてBを追い抜いたということは、35分後にAのほうが池の1周分多く歩いたことになる。

したがって、池の1周は

$$20 \times 35 = 700 \text{（m）}$$

となる。

一方、AとBが逆に歩くときは、二人の距離は1分間に140m離れることになる。そして、二人が出会うまでに

• •

歩いた距離の合計は1周の700mである。そこで二人が出会うのは、出発から

700÷140＝5（分後）

である。

• •

❸ 平均とは何か

行き時速30km、帰り時速50km、往復の平均速度は

小学生に「平均とは何ですか」と聞くと、「いくつかの数字があって、それらの合計をそれらの個数で割ったもの」という意味の答え方をする。確かに、その答えは小学生ならば正しいだろう。ところが平均という字が付くものには、相加平均、単純平均、加重平均、相乗平均、調和平均など、いろいろある。

しかも、それらはどれも生活やビジネスで役立つ重要な概念である。本節ではそれらの基礎的な説明をしよう。

まず、冒頭で述べた小学生の答えは、「相加平均」のことである。

5人の生徒がいて、それぞれの体重は31kg、33kg、39kg、30kg、32kgであるとき、平均の体重は

$$(31 + 33 + 39 + 30 + 32) \div 5 = 165 \div 5 = 33 \text{ (kg)}$$

となる。

この5人の平均体重を説明すると、子どもの頃の砂場遊びでしたような、凸凹をならして全体を同じ高さにするイメージをもつとよいだろう。

39kgと33kgの差である6kgのうち、2kgを31kgに加えて、3kgを30kgに加えて、1kgを32kgに加えると、全部の高さが同じ33kgになる。

そのように、ここで示した「相加平均」は、凸凹をならして全体を同じ高さにしている。

実は他の平均も一言で述べると、「全体をならすこと」である。

たとえば、「平均速度」というものは「同じ所要時間で、全体を同じ速度にならす」考え方である。具体的に考えると、次の図で表した区間ADがあったとする。

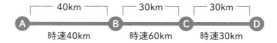

ある車は、AB間を時速40km、BC間を時速60km、CD間を時速30kmで走行する。その車の平均速度はどのように考えればよいだろうか。

それは、AD間の合計走行時間は図の状況と同じで、かつAD間を同一速度（同じ速さ）にならして走行したとしての速さのことである。

図の状況での、AB間の所要時間は1時間、BC間の所要時間は0.5時間、CD間の所要時間は1時間である。またAD間の距離は100kmである。そこで、

車の平均速度 ＝ AD間の距離 ÷ AD間の所要時間
　　　　　　 ＝ 100 ÷ 2.5 ＝ 40（km/時）

となる（40km/時は時速40kmの意味）。

ここでいったん、話を相加平均に戻そう。

同じ相加平均でも、「単純平均」と「加重平均」がある。これらを果物の価格で説明しよう。

1個30円のミカンが5個、1個120円のリンゴが3

個、1個330円のパパイヤが2個あるとき、ミカン、リンゴ、パパイヤ3種の単純平均価格は、

$$(30 + 120 + 330) \div 3 = 480 \div 3 = 160 \text{（円）}$$

となる。そして、それら各々の個数をも加味した果物一つの加重平均価格は、

$$(30 \times 5 + 120 \times 3 + 330 \times 2) \div (5 + 3 + 2)$$
$$= 1170 \div 10 = 117 \text{（円）}$$

となる。

この二つの考え方は、以下のように株価などにも応用されている。

日本の経済指標を表す日経平均株価と東証株価指数TOPIXについて説明する。

日経平均株価は、東京証券取引所のプライム市場上場銘柄の中で代表的な225銘柄の株価に関して、それらの単純平均の考え方で求めたものである。

TOPIXは、東証プライム市場に上場している全銘

柄の株価に関して、それぞれの株数を加味した加重平均の考え方で求めたものである（2022年4月以降は若干修正されている）。

次に、前述の平均速度の考え方を用いて、AB2地点間の距離が150kmで、AからBまでの行きが時速30km、BからAまでの帰りが時速50kmで走る車の「往復の平均速度」を求めてみよう。この種の問題は、なぜか就活の適性検査では頻出である。
この問題の答えは、30と50を足して2で割った40（km/時）ではない。全区間を同じ所要時間で、同一速度にならして走行するときの速さを求めるのである。当初の行きと帰りの走行時間はそれぞれ、

$$150 \div 30 = 5 \text{（時間）}$$
$$150 \div 50 = 3 \text{（時間）}$$

である。そこで、往復の平均速度は

$$(150 \times 2) \div (5 + 3) = 300 \div 8 = 37.5 \text{（km/時）}$$

となる。

実は、AB2地点間の距離150kmはどんな距離であっても、行きが時速30km、帰りが時速50kmならば、答えの37.5（km/時）は同じである。なぜならば、AB2地点間の距離を$d$kmとすると、往復の平均速度は

$$\frac{d \times 2}{\frac{d}{30} + \frac{d}{50}} = \frac{2}{\frac{1}{30} + \frac{1}{50}} = \frac{2}{\frac{8}{150}}$$

$$= 300 \div 8 = 37.5 \text{（km/時）}$$

となるからである。

ちなみに、この往復の平均速度は、二つの数30と50の「調和平均」という考え方である。そして一般に、2個以上の数に関する調和平均の考え方があり、音楽理論や電気抵抗などで用いられている。

参考までに定義を述べると、n個の正の数a_1、a_2、a_3、…、a_nの「調和平均」は

$$\frac{n}{\dfrac{1}{a_1} + \dfrac{1}{a_2} + \dfrac{1}{a_3} + \cdots + \dfrac{1}{a_n}}$$

で与えられる。

次に、経済成長などでよく使われる年平均成長率という言葉を考えてみよう。

これまで扱った体重や速度から想像して、「成長する対象が、期間全体を通して毎年、同じ成長率にならして成長したとして、その期間の最後には最初から見ると同じ成長になるような成長率」ということが分かるだろう。

たとえば、1年目に50%、2年目に100%、3年目に −25%、4年目に125%の成長があれば、1年目に基準値の $\dfrac{3}{2}$ 倍、2年目に2倍、3年目に $\dfrac{3}{4}$ 倍、4年目に $\dfrac{9}{4}$ 倍の成長になる。そこで、

$$\frac{3}{2} \times 2 \times \frac{3}{4} \times \frac{9}{4} = \frac{3}{2} \times \frac{3}{2} \times \frac{3}{2} \times \frac{3}{2}$$

となることに注目して、4年間の年平均成長率は

50%（1.5倍）になる。ここから、「四つの数字 $\frac{3}{2}$、2、$\frac{3}{4}$、$\frac{9}{4}$ の相乗平均は $\frac{3}{2}$ である」という。

年平均成長率の考え方を一般化した相乗平均の定義を述べると、次のようになる。

n 個の正の数 a_1、a_2、a_3、…、a_n の「相乗平均」は、

$$a_1 \times a_2 \times a_3 \times \cdots \times a_n = g \times g \times g \times \cdots \times g$$

（g を n 回掛け合わせた数）

を満たす正の数 g のことである。

ちなみに、上式の右辺は g の n 乗といい、g^n で表す。

そして、算数を超えた数学の記法を用いさせていただくと、g は

$$g = \sqrt[n]{a_1\, a_2\, a_3 \cdots a_n}$$

と表され、「$a_1\, a_2\, a_3 \cdots a_n$ の n 乗根」という。

ここで復習のための例を挙げよう。

ある鳥の生息数を調査したところ、最初の1年間で1.5倍になり、次の1年間で $\frac{8}{3}$ 倍になり、次の1年間で2倍になったとする。このとき、

$$\frac{3}{2} \times \frac{8}{3} \times 2 = 8 = 2 \times 2 \times 2$$

となるので、「3年間で平均してみると、1年間に2倍になっている」と考えるのが正しい理解である。

もちろん、この場合の平均を求めるとき、

$$\left(\frac{3}{2} + \frac{8}{3} + 2 \right) \div 3 = \frac{37}{18}$$

と計算しては間違いである。

さて、2006年の秋に「今の景気の拡大の期間は『いざなぎ景気』を超えた」というニュースがあった。これは、02年2月に始まった景気拡大が06年11月で58ヵ月目となり、1965年11月から4年9ヵ月にわたって続いた「いざなぎ景気」を超えたことを指している。

そのときのニュースで、「いざなぎ景気」の年平均成長率が11.5%のものと、14.3%のものの二つがあった。

当時、この件を不思議に思って考えたところ、前者は相乗平均の発想で正しいものであるが、後者は相加平均の発想で誤ったものであることがわかった。

06年11月の当時、そのような誤った報道をしたマスコミ数社に上記の説明を丁寧に伝えたが、「いざなぎ景気の年平均成長率14.3%は誤りで、正しくは11.5%」という訂正の記事やコメントは見聞きしなかった。

そこで少し間を置いてから、雑誌や著書に年平均成長率の説明を書いたことを思い出す。

以下は既に述べたことであるが、大切な概念を含むので、本書でも述べさせていただく。

「いざなぎ景気」では、4年9ヵ月間に67.8%成長した。06年11月頃の新聞やテレビ報道などにあった、「いざなぎ景気」の年平均成長率は14.3%という説は、次のようにして求めたことが判明した。4

年9ヵ月は4.75年なので、

$$67.8 \div 4.75 = 14.27\cdots\cdots$$

これは相加平均の考え方ゆえ、誤りである。実際、毎年14.3%ずつ成長したとすると

$$1.143 \text{の}4乗 = 1.143 \times 1.143 \times 1.143 \times 1.143$$
$$= 1.70\cdots\cdots$$

となり、4年9ヵ月間どころか4年間ですでに70%を超す成長をしたことになってしまう。

いざなぎ景気の年平均成長率は11.5%が正しく、それは次のようにして導かれるが、「四半期」という言葉を先に説明しておく。

四半期はGDP（国内総生産）に関するデータの発表等で普通用いられるものであり、1年を1月から3月、4月から6月、7月から9月、10月から12月の4期に分けたうちの一つを意味する。

ここで、それらを順に第1、第2、第3、第4四半期

と呼ぶことにしよう。

もし第1四半期で1%成長し、第2四半期で2%成長し、第3四半期で5%成長し、第4四半期で3%成長したとすると、その年の成長率は

$$1 + 2 + 5 + 3 = 11 \ (\%)$$

と考えることは誤りで、

$$1.01 \times 1.02 \times 1.05 \times 1.03 = 1.1141613$$

なので、約11.4%成長したと考えることが正しいのである。

四半期、すなわち3ヵ月ごとの単位で考えることにすると、「いざなぎ景気」の4年9ヵ月間は3ヵ月が

$$4 \times 4 + 3 = 19 \ (個)$$

あることになる。いま、△の19乗が1.678（67.8%

の成長率）に近い数字になる△を探してみる。性能の
よい電卓ならすぐに求まるが、普通の電卓でも
「1.02 の 19 乗は 1.678 に届かない。1.03 の 19 乗で
は 1.678 を超えてしまう。その間の 1.025 の 19 乗
は……」というふうに素朴に求めることはできる。
その結果、

　　1.0276 の 19 乗 ≒ 1.677

がわかるので、4 年 9 ヵ月間で 67.8% 成長したいざ
なぎ景気の 3 ヵ月単位の平均成長率は約 2.76% に
なる。そして、

　　1.0276 の 4 乗 ≒ 1.115……

となるので、いざなぎ景気の年平均成長率は 11.5%
が正しいのである。

最後に、算数の範囲を超える内容であることをお許
しいただくとして、n 個の正の数 a_1,　a_2,　a_3, …,

a_nについての相加平均と調和平均、相乗平均の大小関係を説明しよう。

（相加平均）

$$A = \frac{a_1 + a_2 + a_3 + \cdots + a_n}{n}$$

（調和平均）

$$H = \frac{n}{\dfrac{1}{a_1} + \dfrac{1}{a_2} + \dfrac{1}{a_3} + \cdots + \dfrac{1}{a_n}}$$

（相乗平均）

$$G = \sqrt[n]{a_1 \, a_2 \, a_3 \cdots a_n}$$

結論を先に述べると、次式が成り立つ。

$$H \leqq G \leqq A$$

まず、$G \leqq A$ が成り立つ証明をここで述べることは無理であるが、拙著『新体系・高校数学の教科書（上）』の補章に、「特急列車と各駅停車を乗り継いでの旅」を連想するような面白い証明を載せてある。

次に、$H \leqq G$ が成り立つ証明は、$G \leqq A$ を認めると以下のように述べることができる。

$$\frac{1}{a_1}, \quad \frac{1}{a_2}, \quad \frac{1}{a_3} \ldots, \frac{1}{a_n}$$

この数列についての相加平均は相乗平均以上なので下記が成り立つ。

$$\frac{\dfrac{1}{a_1} + \dfrac{1}{a_2} + \dfrac{1}{a_3} + \cdots + \dfrac{1}{a_n}}{n} \geqq \sqrt[n]{\frac{1}{a_1} \cdot \frac{1}{a_2} \cdot \frac{1}{a_3} \ldots \frac{1}{a_n}}$$

両辺の分母・分子をひっくり返した逆数を考えると次式が成り立つ。

$$\frac{n}{\dfrac{1}{a_1} + \dfrac{1}{a_2} + \dfrac{1}{a_3} + \cdots + \dfrac{1}{a_n}} \leqq \frac{1}{\sqrt[n]{\dfrac{1}{a_1} \cdot \dfrac{1}{a_2} \cdot \dfrac{1}{a_3} \cdots \dfrac{1}{a_n}}}$$

その結果、下記を得る。

$$\frac{n}{\dfrac{1}{a_1} + \dfrac{1}{a_2} + \dfrac{1}{a_3} + \cdots + \dfrac{1}{a_n}} \leqq \sqrt[n]{a_1\, a_2\, a_3 \cdots a_n}$$

なお、以下の点には留意する。

$$\sqrt[n]{a_1\, a_2\, a_3 \cdots a_n} \times \sqrt[n]{\frac{1}{a_1} \cdot \frac{1}{a_2} \cdot \frac{1}{a_3} \cdots \frac{1}{a_n}} = 1$$

復習問題

問① 1個30円のミカンが8個、1個110円のリンゴが5個、1個400円のパパイヤが2個ある。それらの単純平均価格と加重平均価格を求めよ。

問② ある動物の生息数を調査したところ、最初の1年間で $\frac{16}{15}$ 倍になり、次の1年間では $\frac{4}{3}$ 倍になり、その次の1年間では $\frac{5}{3}$ 倍になった。生息数は平均すると毎年何倍になるだろうか。

問③ AからBまでの上り坂の多い往路を時速15km、BからAまでの復路を時速25kmで走る自転車の往復の平均速度を求めよ。

問 1

解答

$$単純平均価格 = \frac{30 + 110 + 400}{3} = \frac{540}{3} = 180 （円）$$

$$加重平均価格 = \frac{30 \times 8 + 110 \times 5 + 400 \times 2}{8 + 5 + 2}$$

$$= \frac{240 + 550 + 800}{15} = \frac{1590}{15} = 106 （円）$$

問 2

解答

$$\frac{16}{15} \times \frac{4}{3} \times \frac{5}{3} = \frac{4}{3} \times \frac{4}{3} \times \frac{4}{3}$$

なので、平均すると毎年 $\frac{4}{3}$ 倍になる。

問 3

解答

AとBの間の距離を△kmとすると、

往路の所要時間 = △ ÷ 15 （時間）

復路の所要時間 = △ ÷ 25 （時間）

となる。

したがって、往復の平均速度は

$$\frac{2\times\triangle}{\dfrac{\triangle}{15}+\dfrac{\triangle}{25}}=\frac{2\times\triangle}{\triangle\times\left(\dfrac{1}{15}+\dfrac{1}{25}\right)}=\frac{2}{\dfrac{5+3}{75}}=\frac{2\times75}{8}$$

$$=18.75$$

と計算して、時速18.75kmになる。

4 比例と反比例
「外項の積は内項の積に等しい」とは

スーパーマーケットなどでは、100gが200円ぐらいの豚肉はよく販売されている。そして、店頭に置いてある計量器によって正確に計って、価格を出すことになる。

いま、購入したい豚肉の重さを計ったところ、230gだったとする。この場合の代金を考えてみると、100gで200円ということは1gで2円になるので、230gの代金は

$$2 \times 230 = 460 \text{（円）}$$

となる。そして、豚肉を x g購入したときの「代金 y 円」は、

$$y = 2 \times x \quad \cdots\cdots ❶$$

と一般化して書ける。

次に、143ページで触れたことであるが、新幹線以外の在来線の列車に乗ると、線路と線路の繋ぎ目を車輪が通過するとき、ガタン・ゴトンという音が聞こえる。

繋ぎ目を溶接してロングレールにした箇所、あるいはポイントなどを除くと、1本の線路の長さは25mなので列車速度が分かる。

たとえば1秒間に1回、すなわち1分間に60回「ガタン・ゴトン」という音が聞こえるならば、1分間に

$$25 \times 60 = 1500 \text{（m）} = 1.5 \text{（km）}$$

進むことになる。それは1時間に

$$1.5 \times 60 = 90 \text{（km）}$$

進むので、時速90kmの速さで走行していることが分かる。

いま、「ガタン・ゴトン」という音が鳴ってから次の「ガタン・ゴトン」という音が鳴るまでの時間を x 秒とすると、以上のことから列車速度「時速 y km」は、

$$y = \frac{90}{x} \quad \cdots\cdots ❷$$

と一般化して書ける。

❶のように、一般に

$$y = 定数 \times x$$

という形で表されるとき（定数 ≠ 0）、y は x に「比例する」（x と y は比例する）といい、定数をとくに「比例定数」という。また❷のように、

$$y = \frac{定数}{x}$$

という形で表されるとき（定数 ≠ 0）、y は x に「反比例する」（x と y は反比例する）といい、この場

合の定数もとくに「比例定数」という。

さて、どんなものでも言葉だけでなく、図や写真などを用いて視覚的に説明されると分かりやすくなるだろう。

比例や反比例の関係を「座標平面」上のグラフとして視覚的に表す方法がある。

座標平面は数学者デカルト（1596–1650）が兵舎で生活をしているとき、天井を這っているハエを見ていて考え出したものである。

グラフを描くときの基本は、まず、❶や❷のような式が意味する x と y の組をたくさんとることである。

この作業を疎かにして、いきなり「グラフの描き方」を覚えることから始まる学習はよくない。

そのような「やり方」だけの学び方では、グラフの意味を忘れてしまう場合が多々あるからである。

たとえば、次の二つのグラフを描いてみよう。

$y = 2 \times x$ ……❸

$$y = \frac{20}{x} \quad \cdots\cdots❹$$

それぞれ下の表のように、6個の x と y の組をとっ
てみる。

❸が意味する表

x	0	1	2	3	4	5
y	0	2	4	6	8	10

❹が意味する表

x	1	2	4	5	10	20
y	20	10	5	4	2	1

❸と❹が意味する表からグラフを描くと、それぞれ
図1、図2のようになる。なお、x と y がともに0
を表す点を「原点」といい、大文字のOで表すこと
が普通である。

図1のグラフは直線であるが、図2のグラフは「双
曲線」と呼ばれるものである。ちなみに負の数の世

界まで拡張すると、原点に関して**図2**のグラフと対称な曲線も含むことになる。

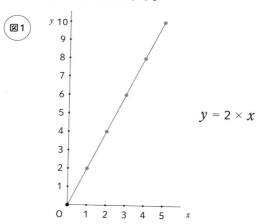

図1

$$y = 2 \times x$$

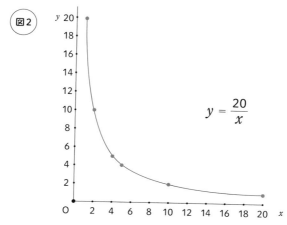

図2

$$y = \frac{20}{x}$$

音が x 秒間に進む距離 y （m）は、音速が秒速340
mであることから

$$y = 340 \times x \text{ （m）}$$

と表されるように、比例する関係は多数思いつく。

また、反比例もいろいろあるが、アルキメデスが
「我に支点を与えよ。されば地球も動かさん」と述
べたことでも有名な「てこの原理」は触れなくては
ならないだろう。
てこの原理は、天秤のように軽くて丈夫な棒と、そ
れを支える支点があるとき、

　　左側のオモリの重さ（kg）×左側のオモリから
　　支点までの距離（m）
　＝右側のオモリの重さ（kg）×右側のオモリから
　　支点までの距離（m）

という関係が成り立つときに棒は釣り合う、という

性質である。

そこで、右側のオモリの重さと支点までの距離が定
まっているとき、左側のオモリの重さと支点までの
距離は反比例の関係になる。

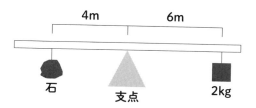

応用例として、支点から左側4mの位置に石が吊し
てあって、支点から右側6mの位置に2kgのオモリ
を吊したとき釣り合ったとする。このとき、左側の
石の重さを x（kg）とすると、次式が成り立つ。

$$x \times 4 = 2 \times 6 = 12$$
$$x = 12 \div 4 = 3$$

よって、石の重さは3kgである。

ここからは比について述べよう。最初に、次のよう
な分け方を考える。

・5mのテープを2mと3mに分ける。
・500円を200円と300円に分ける。
・750mℓの牛乳を300mℓと450mℓに分ける。

どの分け方においても、前者を2とすると後者は3
になり、後者を3とすると前者は2となる。その分
け方だけに注目してみると、順に「2m対3m」、
「200円対300円」、「300mℓ対450mℓ」となって
いる。

前者は2で後者は3のこのような関係を、「比」と
いう世界では互いに等しいと考える。そして「対」
を「たい」と呼んで、「：」で表す。

2m：3m＝200円：300円＝300mℓ：450mℓ

というように前者と後者の関係を等号で結ぶ。とく
に上式の比は、

2：3

という簡単な形の比と等しくなる。このように比の
世界においては、簡単で見やすい形が求められる。
他の例も挙げておこう。

$$121m：22m = 11：2 \qquad \frac{1}{3}：\frac{1}{2} = 2：3$$
$$900円：900円 = 1：1$$

一般に△：□という比において、△を「前項」、□
を「後項」という。また、

$$\frac{\triangle}{\square}$$

を比の値という。

「2m：3m」、「200円：300円」、「300mℓ：450mℓ」
のどの比の値も $\frac{2}{3}$ であるように、等しい比の関係
があることと、それらの比の値が等しいことは同じ
である。すなわち、

$$a : b = c : d \quad \cdots\cdots (*)$$

と、

$$\frac{a}{b} = \frac{c}{d}$$

は同じことである。さらに上式から、

$$a \times d = b \times c$$

が導かれる。これは（＊）において、外側同士の積と内側同士の積が等しいことを意味しているので、「外項の積は内項の積に等しい」という。

この性質を用いることによって、（＊）における a, b, c, d のうちの三つの数値が分かれば、残りの一つの数値は求まる。たとえば、

$$\triangle : 8 = 15 : 40$$

が成り立つならば、

$$\triangle \times 40 = 8 \times 15$$
$$\triangle = 120 \div 40 = 3$$

というようにして、△が求まる。

比は、三つ以上の関係にも拡張できる。たとえば

$$2 : 3 : 5 = 6 : 9 : 15$$

というように用いることができ、このような比を一般に「連比」という。

比の素朴な応用として、切符売り場やイベントの入り口などで長蛇の列に並んでいるとき、自分の番になるまでの時間が気になることがある。そのようなとき、たとえば先頭の10人が済むまで5分かかって、長蛇の列には自分まで約100人ぐらいの人が並んでいるならば、自分の待ち時間は

　　100：待ち時間 ＝ 10：5

となる。そこで、自分の待ち時間はおよそ50分で
あることが分かる。

この素朴な応用例は、同様にいろいろな形に応用さ
れる。

以下、もう少し学びの感じがする比の応用を紹介し
よう。

比は、社会科の国同士の比較で、「A国とB国の人
口に関する比はおよそ△：□であるが、A国とB国
のGDP（国内総生産）に関する比はおよそ○：☆で
ある」というように用いると、それぞれの国の特徴
がよく現れるものである。

また、理科的な測定であるが、影を用いて木の高さ
を求めるようなことは、実際に行うと楽しいもので
ある。たとえば次ページの図において、

　　FE ＝ 150cm、　 DE ＝ 100cm、　 AB ＝ 300cm

とする。

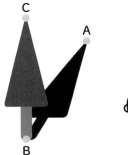

このとき、

　CB：FE＝AB：DE＝3：1

となることを考えて、

　CB：FE＝3：1
　CB：150＝3：1

を得る。そして、外項の積は内項の積に等しい性質

を使って、

$$CB \times 1 = 150 \times 3$$
$$CB = 450 \text{（cm）}$$

が分かる。

最後に、いわゆる「白銀比」、「黄金比」という数学的な比を説明しよう。若干、中学数学的な内容を含むことをお許し願いたい。

図のように、辺BCのほうが辺ABより長い長方形ABCDに対して、辺BCとDAのそれぞれ中点をE、Fとする。

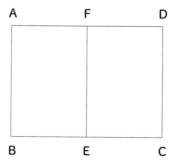

そして、長方形ABCDと長方形FABEが相似（同じ形）になる状況について考えてみる。

AB = x,　BC = y

とおくと、以下の式が成り立つ。

AB : BC = FA : AB

となることから、

$$x : y = \frac{y}{2} : x$$

が成り立つ。そこで、外項の積は内項の積に等しい性質を使って、

$$x \times x = y \times \frac{y}{2}$$
$$y \times y = 2 \times x \times x$$

を得る。ここで、正の数 a で、$a \times a = 2$ となる数

を$\sqrt{2}$で表すことにすると、

$$y = \sqrt{2} \times x$$

となる（$\sqrt{2}$は「ルート2」という）。なぜならば、

$$y \times y = \sqrt{2} \times x \times \sqrt{2} \times x$$
$$= \sqrt{2} \times \sqrt{2} \times x \times x = 2 \times x \times x$$

となるからである。ちなみに、

$$\sqrt{2} = 1.41421356\cdots\cdots$$

である。

この$\sqrt{2}$を用いた比「1：$\sqrt{2}$」を「白銀比」という。
白銀比は上の図で「AB：BC」のことであり、A3、
A4、B4、B5などの紙の形がこれにあたる。ちなみ
に、A4はA3の半分で、B5はB4の半分である。

次に、「黄金比」の説明をしよう。

まず、正の数 a で、$a \times a = 5$ となる数を $\sqrt{5}$ で表すことにすると、

$$\sqrt{5} = 2.2360679\cdots\cdots$$

である（$\sqrt{5}$ は「ルート5」という）。黄金比は

$$1 : \frac{1 + \sqrt{5}}{2}$$

のことであり、以下のような面白い性質をもつ。
正五角形において、

$$一辺の長さ：対角線の長さ = 1 : \frac{1 + \sqrt{5}}{2}$$

である（拙著『新体系・高校数学の教科書（上）』の練習問題1.2問3を参照）。

さらに、以下のようにつくったフィボナッチ数列

1、1、2、3、5、8、13、21、34……

という数列がある。

$$1 + 1 = 2, \quad 1 + 2 = 3, \quad 2 + 3 = 5, \quad 3 + 5 = 8,$$
$$5 + 8 = 13, \quad 8 + 13 = 21, \quad 13 + 21 = 34\cdots\cdots$$

このフィボナッチ数列に関して、

$$\frac{1}{1}, \quad \frac{2}{1}, \quad \frac{3}{2}, \quad \frac{5}{3}, \quad \frac{8}{5}, \quad \frac{13}{8}, \quad \frac{21}{13}, \quad \frac{34}{21}$$
……

という数列を考えると、この数列は限りなく $\dfrac{1 + \sqrt{5}}{2}$ に近づくのである（拙著『新体系・高校数学の教科書（上）』の5章3節の例8に極限の概念を適用）。

もっとも、多くの数学的読み物において、「古代エジプトやギリシャの建築物をはじめとして、名刺やICカードなど多くのものに黄金比は使われている」として、「美」を強調してある。

しかし筆者はかつて、縦が1、横が $\dfrac{1 + \sqrt{5}}{2}$ の比になる長方形をいくつか作って見つめていたが、とく

に「美しい」という意識はもてなかった。むしろ、
畳を長方形と見たときの「1：2」の比に、親近感
をもつ。

COLUMN ······················
入学試験答案の傾向
· · · · · · · · · · · · · · · ·

城西大学、東京理科大学、桜美林大学に勤務していた頃、数学入試問題の責任者をそれぞれ何回か務めた。ミスがなくても褒められず、ミスがあれば怒られる辛い仕事であったが、使命感から全力で立ち向かったものだ。桜美林大学を定年退職したとき、ミスがゼロのまま終えられてホッとしたことを思い出す。

全員で入試答案を採点する前に、願書の番号順に並んでいる全答案の一部を選んで試し採点をしたが、この平均点と採点終了後の全答案の平均点が大きく異なることがある。その訳を述べよう。

受験番号が前の、すなわち早く願書を出した者の合格率は高く、受験番号が後の、すなわち遅く願書を出した者の合格率は低い。もちろん採点は公平であるが、この傾向の分析は心理学の問題かもしれない。ちなみに大学の期末試験では、さっさと提出した答案の点数は悪く、最後まで粘った答案の点数は良かった。

· ·

復習問題

問1 y は x に比例し、$x = 6$ のとき $y = 2$ である。y を x の式で表せ。とくに $x = 18$ のとき y の値はいくつになるか。

問2 y は x に反比例し、$x = 3$ のとき $y = 5$ である。y を x の式で表せ。とくに $x = 1$ のとき y の値はいくつになるか。

問3 y は x に反比例し、z は y に反比例するとき、z は x に比例することを説明せよ。

問 1
解答

$$y = a \times x \quad (a：比例定数)$$

とおくと、題意より

$$2 = a \times 6, \quad a = \frac{1}{3}$$

が導かれる。したがって、

$$y = \frac{1}{3} \times x$$

と表せる。上式で $x = 18$ のとき、

$$y = \frac{1}{3} \times 18 = 6$$

となる。

問 2
解答

$$y = \frac{a}{x} \quad (a：比例定数)$$

とおくと、題意より

$$5 = \frac{a}{3}, \quad a = 15$$

が導かれる。したがって、

$$y = \frac{15}{x}$$

と表せる。上式で $x = 1$ のとき、

$$y = \frac{15}{1} = 15$$

となる。

問 3

解答　仮定より、

$$y = \frac{a}{x} \, (a：比例定数)$$

$$z = \frac{b}{y} \, (b：比例定数)$$

とおくことができる。したがって、

$$z = \frac{b}{y} = \frac{b}{\dfrac{a}{x}} = \frac{b}{1} \div \frac{a}{x} = \frac{b \times x}{1 \times a}$$

$$= \frac{b}{a} \times x$$

と表せるので、z は x に比例する。ここで、比例定数は $\dfrac{b}{a}$ である。

別れでは残された
人のほうが寂しい

昔から、1年のうちで3月が一番嫌いな月で、4月が一番好きな月であった。理由は、3月は卒業式などで別れが多く、反対に4月は入学式などで新たな出会いが多いからである。ただ、2023年3月に桜美林大学を定年退職したときは、70歳からの新たな人生が始まるという気持ちが強く、それほど寂しさはなかった。

映画などで、去っていく人が一本道を真っ直ぐにゆっくりと歩いていくとき、残された人が立ち止まってずっと相手の後ろ姿を見届けるシーンがある。そのとき、残された人は寂しさがこみ上げてきているはずだ。その訳を反比例の意味から説明しよう。

残された人と去っていく人の距離をdとして、残された人は地面に垂直に立てた身長以上の長い物差しをもっているとする。残された人が物差し上で見る、去っていく人の身長をhとすると、hはdに反比例することが相似の性質を使うと分かる。

第**3**章

図形

❶ 図形の導入

平行四辺形は台形なのか

こ こから285ページまでは図形に関して述べよう。

算数の範囲で取り扱う図形は、2次元の平面図形と3次元の空間図形である。空間図形は主に第4節で扱うこととして、しばらくは平面図形を取り上げる。平面図形の主要なテーマは三角形、四角形などを総称した多角形と円である。

真っ直ぐな線を「直線」と呼ぶことで図形が始まる。算数では両端のある「線分」や、片方だけに端のある「半直線」はあまり使わないが、本節では誤解を避けるために線分や半直線を使う場面があることをお許しいただきたい。

三角形、四角形、五角形、六角形……は、それぞれ
3本、4本、5本、6本……の直線で囲まれた（平面
上の）図形である。多角形を構成する直線の部分を
辺といい、辺と辺が交わる角の点を頂点という。

多角形がとくに凸多角形であるとは、多角形内にあ
るどの二つの点A、Bをとっても、それらを結ぶ線
分（AとBを通る直線のうちAからBまでの部分）がその
多角形に含まれる場合にいう。

また、凸多角形でない多角形を凹多角形という。下
図において、左は凸五角形で、右は凹五角形である。

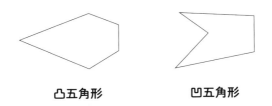

凸五角形　　　　**凹五角形**

次に直角という言葉を、図を用いて復習しよう。

1枚の紙上の任意の点Pを角とする直角は、以下の
ように簡単に作ることができる。

まず、紙を二つに折ってできる直線上にPがあるよ

うに、紙を折る（図の❶）。そして、折り目の直線が重なり、Pが角になるように、その紙をもう一度折ると（図の❷）、Pに直角ができる（図の❸）。

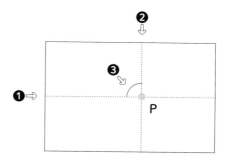

日常生活でも、直角は多く見受けられる。紙の角、窓枠の角、定規の角……。なお、直角は下図のような記号で表すことが普通である。

直角の記号

次に平面上で、1本の直線 n に直角に交わる二つの
直線 l と直線 m は互いに「平行」であるという。平
行な二つの直線は交わることがない。

平行も日常生活の多くの場所で見受けられる。なお、
直線 l や直線 m のように、直線 n に直角で交わる直
線を、直線 n の「垂線」という。

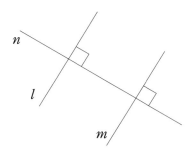

長さの導入として忘れてはならないことは、紐など
の曲線の長さである。紐はピーンと真っ直ぐに伸ば
すことによって、物差しを用いて測ることができる。
そのようにして紐を測ると、長さは一意的に定まる
ことが要点である。

面積に関しては、一辺が1cmの正方形が△個分あれば△cm²、一辺が1mの正方形が△個分あれば△m²となる（138ページを参照）。

体積に関しても同様に考えて、一辺が1cmの立方体が△個分あれば△cm³、一辺が1mの立方体が△個分あれば△m³となる。

いろいろな三角形や四角形を紹介する前に、平面図形と空間図形の関係について触れておこう。

誰もが気付くことであるが、平面図形は見やすく分かりやすい。一方、空間図形は把握しにくいのが普通である。

そこで空間図形は、平面で切った切り口を見たり、切り開いて平面上に広げた展開図を見たり、その他にもスケッチして見取り図を描いたり、あるいは投影図を描いたりして考える。いずれも、空間図形を平面図形に"落として"考えるといえよう。

ちなみに立方体の展開図は次の11個あるが、これらを自分自身で試行錯誤しながら実際に作ってみると素晴らしいだろう。

昔は、積み木、プラモデル、知恵の輪、編み物など
のように、空間図形の遊びはいろいろあった。
しかし現在は、テレビやスマホでのゲームのように、
平面図形の遊びが中心である。それによるマイナス
面があると考えるのが自然で、それを補う教育が必

要である。

余談であるが、筆者は何年か前に、有名自動車メーカーの親会社である織機の会社を何回か見学した。そのたびに感服したことは、新入社員の空間図形に関する認識を高めるために、昔の織物の機械を動くようにして、自由に遊ばせる研修を行っていたことである。

そのように空間図形に関する教育は大切にしたいものであるが、それを気付かせる話題を紹介しよう。

四脚のテーブルは安定していると思う見方についてである。

パーティーなどで戸外に四脚のテーブルを持ち出すことがあるだろう。そのとき、テーブルがガタガタしてジュースやビールを溢すこともある。

そのような経験によって、初めて「平面は一直線上にない三つの点によって決定される」という事実を認識することもある。

部屋の中にあるテーブルの脚の先端は平面図形で捉えることができるが、戸外に出したテーブルの脚の

先端は空間図形で捉えることになる。

空間図形に関する教育が大事だと考える理由に関する問題を出そう。

例題 •••••••••••••••••••••••••••••••••

長方形の形をしたA4またはB5サイズの紙があって、そのちょうど真ん中に10円玉大の穴を開けたとする。このとき、紙を破ったり500円玉を曲げたりすることなく、その穴に500円玉を通すことはできるか。

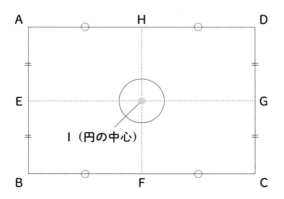

【解説】

以下のようにすれば、穴に500円玉を通すことがで
きる。

直線EGに沿って長方形ABCDを二つに折る。そし
て、A、B、C、Dを上、E、Gを下になるように紙
を手でもつ。

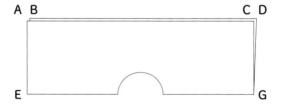

次に、折ったところの中央の穴の部分に500円玉が
見えるように、500円玉を折った部分の間に入れる。

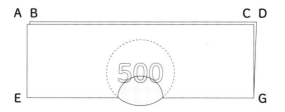

さらに、紙を折ったその状態から、EをA、Bの左の方へ、GをC、Dの右の方へゆっくり曲げていく。すると500円玉は、穴を通って下に落ちるときが来る。

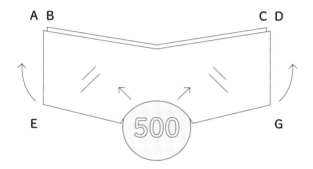

要するに、この問題は平面図形の問題であるかのように見せて、実は空間図形の問題なのである。なお、ここで説明した方法によって、理論的には10円玉の直径の $\dfrac{\pi}{2}$ 倍までの円は穴を通過させることができる（π は円周率）。

ここから、いろいろな三角形や四角形の定義を述べ
よう。

二つの辺の長さが等しい三角形を二等辺三角形とい
い、三つの辺の長さが等しい三角形を正三角形とい
う。

ここで、二等辺三角形は少なくとも二つの辺の長さ
が等しければよいという意味なので、正三角形は二
等辺三角形であることに注意する。

また、一つの角が直角である三角形を直角三角形と
いい、その直角をはさむ二つの辺の長さが等しい三
角形をとくに直角二等辺三角形という。

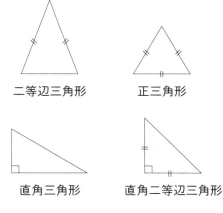

二等辺三角形　　　　正三角形

直角三角形　　　　直角二等辺三角形

このいろいろな三角形の関係を、以下のように集合の図で表すと、視覚的にも理解できる。

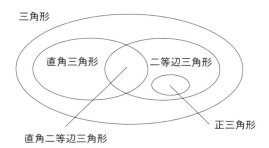

次に正方形は、四つの角が直角で、四つの辺の長さが等しい四角形である。四つの角が直角である四角形を長方形、四つの辺の長さが等しい四角形をひし形という。そこで、正方形は長方形でもあり、またひし形でもある。なお、長方形を長四角ともいう人がいるので、注意が必要である。

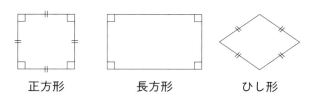

正方形　　　　　　長方形　　　　　　ひし形

平行四辺形は、向かい合った2組の辺が平行な四角形である。それゆえ、長方形は平行四辺形である。また、中学数学で証明を付けて習うことであるが、ひし形も平行四辺形である。平行四辺形の条件を少し弱めて、向かい合う1組の辺が平行な四角形を台形という。ここで、台形は少なくとも1組の辺が平行ならばよいという意味なので、平行四辺形は台形であることに注意する。

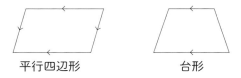

平行四辺形   台形

このいろいろな四角形の関係を、以下のように集合の図で表すと、視覚的にも理解できる。

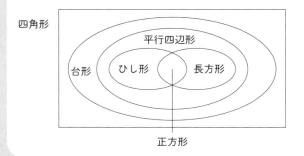

最後にまとめの問題を出そう。

例題 •

それぞれの主張は正しいか間違っているかを答えよ。

(1) 正方形は台形である。

(2) 2本の対角線が垂直に交わる四角形はひし
    形である。

(3) 一辺が2cmの正三角形ABCの周囲を除く
    内部に勝手に五つの点をとると、それらの
    ある二つの点に関しては、その距離（二つの
    点を結ぶ線分の長さ）は1cmより短くなる。

【解説】

(1) 上の集合の図を見ても、明らかに正しい。ち
なみに、かつて拙著『算数・数学が得意になる本』
（講談社現代新書）に「正方形も台形である」と書い
たことがあり、それに対する疑問の電話が講談社に
たくさんかかってきたことがあった。

（2）下図は、主張が間違っている例である。

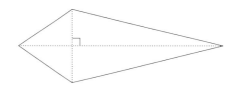

（3）正しい。その訳を説明しよう。

正三角形ABCを次ページの図のように、一辺が1cmの同じ大きさの四つの正三角形に分割して、三角形ADFから辺ADとAFの線上を除いた部分をⅠ（辺DFから点DとFを除いた部分はⅠに含まれる）、三角形BDEから辺BDとBEの線上を除いた部分をⅡ（辺DEから点DとEを除いた部分はⅡに含まれる）、三角形CEFから辺CEとCFの線上を除いた部分をⅢ（辺EFから点EとFを除いた部分はⅢに含まれる）、三角形DEFの内部をⅣとすると、Ⅰ、Ⅱ、Ⅲ、Ⅳを合わせた部分が正三角形ABCの内部と一致する。

それゆえ、五つの点を正三角形ABCの内部にとることは、五つの点をⅠ、Ⅱ、Ⅲ、Ⅳの四つの部分からとることになる。そこで、Ⅰ、Ⅱ、Ⅲ、Ⅳのうちのど

れかには二つの点が入ることになる。明らかに、その2点の距離は1cmより短いのである。

ちなみに、上で述べた論法は「鳩の巣原理」と呼ば

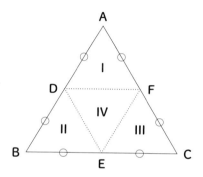

れ、いろいろな証明に使われている（三つの巣があって、4羽の鳩が巣に戻ると、ある巣には2羽以上の鳩が入る）。

なお、例題（3）は、大昔の広島大学の入学試験に出題されたものである。

サイコロキャラメル

1927 年10月より明治（旧明治製菓）が全国的に製造販売していたサイコロキャラメルは、年配の方々ならば必ず思い出すだろう。2016年3月に全国販売は終了したが、生産ラインが残っていた子会社の道南食品が、同年から「北海道サイコロキャラメル」として製造販売している。

筆者は昔から食べる面でも遊ぶ面でも、サイコロキャラメルのファンであったこともあって、道南食品がある函館まで飛行機で行って、この商品の数学的な意義を述べた動画を作成したことがある。

謝金をあえて0円にしていただいたこともあって、数学について語りたいことを思う存分に語らせてもらった。要点を述べると、実際に投げることによって「同様に確か」という確率の基礎概念を学ぶこと、空箱を使って展開図を作ることによって試行錯誤と立体図形のセンスを育むこと、等々がある。

復習問題

問 1　ある人がA地点を出発して西へ500m進み、次に北へ400m進み、次に東へ100m進み、その地点をBとする。A地点から見るとB地点はどのような方向にあるか。

問 2　机の平らな面の上に正方形ABCDが描かれている。その正方形と同じサイズの正方形を一つの面とする立方体のサイコロがある。そのサイコロの底面が、正方形ABCDの上にぴったり重なるような置き方は、全部で何通りあるか。

問 1

解答 下図を見ることにより、A地点からB地点は北西の方向に当たることが分かる。

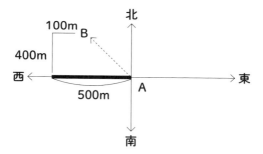

 問 2

解答 たとえば、サイコロの1の目がある面を下にして、正方形ABCDの上にぴったり乗せる場合の置き方は4通りである。それは、どの面でもいえることなので、答えは

4×6＝24（通り）

となる。

2 多角形の面積
五角形の内角の和は何度か

直角を一般化して、下図のように二つの直線で作られた形を角という。

図において、Bは二つの直線が交わる点である。角を作る点Bを一般に「頂点」という。さらに、図における角は角ABC、あるいは角CBAといい、それぞれ記号を用いて∠ABC、∠CBAで表す。

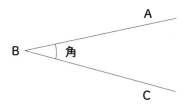

直角を90に等分して、1°（度）という角の大きさを定める。角の大きさを「角度」といい、角度は1°の何倍になるかとして考える。ちなみに、2枚の三角定規の角度は次ページの図のようになっている。

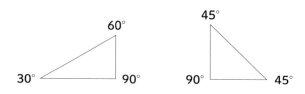

180°は「平角」といい、また360°は1周の角度になる。参考までに360という数字は、紀元前のバビロニア人が1年を360日と考えたことが起源のようである。

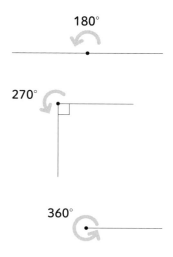

0°より大きく90°より小さい角度を鋭角、90°より大きく180°より小さい角度を鈍角という。三つの角が鋭角だけの三角形を鋭角三角形、鈍角の角をもつ三角形を鈍角三角形という。

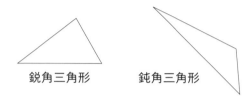

鋭角三角形　　　　鈍角三角形

一般に、多角形の各頂点の内側につくられる角をとくに内角という。「三角形の内角の和は180°である」という性質は重要であるが、算数の段階では以下のように直観的な説明に頼る部分がある。
その点に関しては、いろいろな三角形で試すことが大切であろう。

三角形ABCを含む次の図を用いて説明する。点Aを通る直線ℓは辺BCに平行な直線である。また、角ABCと角BADが等しいこと、および角ACBと角CAEが等しいことは、分度器などで確かめられる。

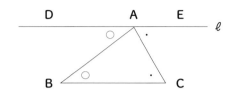

そこで、

　　角 ABC ＋ 角 ACB ＋ 角 BAC
　　＝角 BAD ＋ 角 CAE ＋ 角 BAC

となることが分かる。

そして、上式の右辺の和は角 DAE と等しくなって、
角 DAE は平角（180°）となる。そのため、結局、

　　角 ABC ＋ 角 ACB ＋ 角 BAC ＝ 180°

が導かれたことになる。

三角形の内角の和が180°であることを前提にする
と、次の性質が分かる。

多角形の内角の和

nが3以上の整数のとき、n角形の内角の和は、

$$(n-2)\times180°$$

である。

この性質の説明を、$n=5$の場合の図で理解しておこう。五角形の内側だけを通る対角線（頂点と頂点を結ぶ直線）を2本引くと、五角形の内角の和は三つの三角形の内角の和の合計であることが分かる。そこで、五角形の内角の和は$3\times180°$となる。

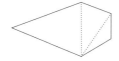

ここから、いろいろな図形の面積について考えよう（138ページを参照）。

たとえば、縦が3cm、横が4cmの長方形の面積は、一辺が1cmの正方形が何個分あるかを考えて、

$3 \times 4 = 12$ （cm²）

となる。

そして、式の意味をしっかり書く立場から、次のようにも書く。

$3cm \times 4cm = 12cm^2$

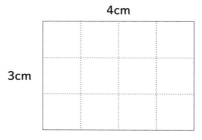

面積12cm²

ここで述べたことを一般化させて、次の公式が成り
立つ。

　　長方形の面積＝縦×横

以下、平行四辺形、三角形、台形、ひし形の順にそ
れぞれの面積公式を説明しよう。

なお、直観的な理解を介して論議を積み重ねていく
算数の面がいくつか現れることに留意していただき
たい。

そのあたりに関しては、中学数学になると洗練され
てくる。

次ページの図の四角形ABCDは平行四辺形とする。

点B、点Cから直線ADに垂線を引き、それぞれの
交点をE、Fとする。

また、辺BCと辺FC（EB）の長さをそれぞれ平行
四辺形ABCDの「底辺」、「高さ」という。

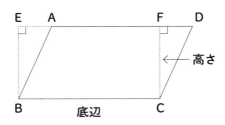

いま、辺FDを直線ADに乗せたまま、三角形FCD
を左に移動していく。すると、動かしている三角形
FCDの辺CDと辺BAがぴったり重なるときがくる。
このとき、直角三角形FCDと直角三角形EBAはぴ
ったり重なるので、

　平行四辺形ABCDの面積＝長方形EBCFの面積

が成り立つ。したがって、

　平行四辺形ABCDの面積
　＝辺BCの長さ×辺FCの長さ

が成り立つので、次の公式を得る。

平行四辺形の面積＝底辺×高さ

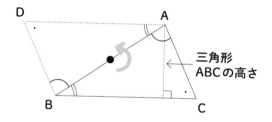

次に上図を参考にして、三角形の面積について考え
よう。

辺ABの中点（真ん中の点）を「●」で示し、その点
「●」を固定して三角形ABCを180°回転させる。

すると、AはB、BはAがあった場所に移ることに
なる。そして、Cが移った所を点Dとすると、直線
BCと直線DAは平行になり、直線ACと直線DBも
平行になる。

したがって、四角形ADBCは平行四辺形となり、そ
の面積は三角形ABCの面積の2倍になる。そして、
平行四辺形ADBCの底辺、高さをそれぞれ三角形

ABCの「底辺」、「高さ」ということにすると、

三角形ABCの面積＝平行四辺形ADBCの面積÷2
＝三角形ABCの底辺×三角形ABCの高さ÷2

となる。そこで、次の公式を得る。

三角形の面積＝底辺×高さ÷2

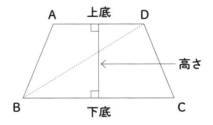

次に上図を参考にして、台形の面積について考えよう。

上の四角形ABCDは、辺ADと辺BCが平行な台形である。辺ADは「上底」、辺BCは「下底」、それら共通の垂線の幅を台形の「高さ」という。

そして、対角線BDを引く。それによって台形
ABCDの面積は、三角形ABDと三角形DBCの面積
の和になる。ここで、

　　三角形ABDの面積
　　= AD×（ADを底辺としたときの高さ）÷ 2

　　三角形DBCの面積
　　= BC×（BCを底辺としたときの高さ）÷ 2

が成り立ち、上の二つの式の高さと台形の高さは同
じである。そこで、

　　台形ABCDの面積
　　= AD×高さ÷ 2 ＋ BC×高さ÷ 2
　　=（AD×高さ）÷ 2 ＋（BC×高さ）÷ 2
　　=（AD×高さ ＋ BC×高さ）÷ 2
　　=（AD ＋ BC）×高さ÷ 2

が導かれる。したがって、次の公式を得る。

台形の面積 = (上底 + 下底) × 高さ ÷ 2

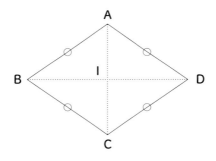

最後に上図を参考にして、ひし形の面積について考えよう。

上の四角形ABCDはひし形である。ひし形ABCDを対角線BDに沿って折るとCとAは一致し、対角線ACに沿って折るとBとDは一致する。

この部分の説明を丁寧に行う場合には、コンパスを用いると分かりやすい。ひし形の辺の長さを r とするとき、Bを中心とした半径 r の円とDを中心とした半径 r の円を描く。その二つの交点がAとCである。

それゆえ、ひし形ABCDを対角線BDに沿って折る
とCとAは一致する。対角線ACに沿って折るとB
とDが一致することも同様に示せる。

いま、2本の対角線の交点をIとすると、ここで述
べたことから

$$AI = IC, \quad BI = ID$$

が分かる。
それによって、四つの三角形 ABI, BCI, CDI, AID は、
形も大きさも同じ三角形であることが分かる。
それゆえ、それら四つの三角形の面積は等しく、ひ
し形ABCDの2本の対角線は垂直に交わることにな
る。とくに、

$$\begin{aligned}
\text{直角三角形AIDの面積} &= AI \times ID \div 2 \\
&= (AC \div 2) \times (BD \div 2) \div 2 \\
&= AC \times BD \div 8
\end{aligned}$$

となるので、

ひし形ABCDの面積 = 直角三角形AIDの面積 × 4
　　　　　　　　　 = AC × BD ÷ 2

が導かれる。したがって、次の公式を得る。

ひし形の面積 = 対角線 × 対角線 ÷ 2

ところで、図の点Iを中心としてひし形ABCDを180°回転させると、ひし形ABCDはそれ自身に重なる。

これが意味することは、ひし形は平行四辺形であるということだ。つまり、ひし形の面積を求めるときには、平行四辺形の面積公式を用いてもよいのである。

ここで、拡大図と縮図について簡単に触れておこう。

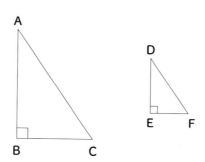

二つの直角三角形ABCとDEFにおいて、辺ABは
辺BCの1.5倍の長さで、辺DEも辺EFの1.5倍の
長さである。そこで、それら二つの三角形は同じ形
をしている。さらに、

$$AB = 2 \times DE、\quad BC = 2 \times EF、\quad CA = 2 \times FD$$

が成り立っている。

すなわち、三角形ABCとDEFは形が同じで、三角
形ABCの各辺の長さは三角形DEFの対応する各辺
の長さの2倍になっている。

このように、二つの図形アとイの形は同じで、対応
する2点間の長さについて、アのほうがイのほうの

△倍、イのほうがアのほうの $\frac{1}{\triangle}$ 倍であるとき、ア
はイの「△倍の拡大図」といい、イはアの「$\frac{1}{\triangle}$ 倍
の縮図」という。ただし、△は1より大とする。

大切なことは、アがイの△倍の拡大図（イがアの
$\frac{1}{\triangle}$ 倍の縮図）というとき、アの面積はイの面積の
△倍ではないことだ。

アがイの△倍（イがアの $\frac{1}{\triangle}$ 倍）という意味は、あ
くまでも対応する2点間の長さについての話である
ことに留意したい。

縮図として広く応用されているものに地図がある。
昔から登山でよく使用された「縮尺」5万分の1の
地図は、実際の地理を5万分の1にした縮図のこと
である。その地図上で2点間が3cmの場合、

実際の距離 = 3cm × 50000
= 150000cm = 1500m

となる。

例題 •

方眼法の考え方

次の図は、縮尺1万分の1の地図上で表されている湖である。

曲線で囲まれている湖の実際の面積を求めてみよう。

なお図では、縦に平行に並んだ4本の直線は1cm間隔（△）で、横に平行に並んだ3本の直線も1cm間隔（△）である。もちろん、縦の直線と横の直線はどれも直交している。

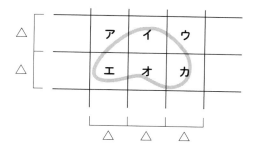

図において、ア、イ、ウ、エ、オ、カはどれも一辺が1cmの正方形である。そして、ア、イ、ウ、エ、オ、カそれぞれにおける曲線に囲まれた部分の面積を目

分量で求めると、だいたい以下のようになっている。

ア……0.1cm²　　　**イ**……0.7cm²

ウ……0.1cm²　　　**エ**……0.5cm²

オ……0.7cm²　　　**カ**……0.4cm²

そこで図において、曲線に囲まれた部分のおよその
面積は、

0.1 + 0.7 + 0.1 + 0.5 + 0.7 + 0.4 = 2.5（cm²）

となる。

さて、1cmの1万倍は100mである。そこで、湖の
実際の面積は

2.5 × 100 × 100（m²）= 25000（m²）

となる。

次に例題を紹介する。

例題 •

図に示された図形の面積を求めよ。ただし、AB、
DE、AD、DC、BC、BE、ECはどれも線分である。

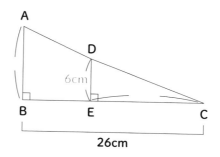

【解説】

まず、次のような答えは間違いである。

縦10cm、横26cmの三角形ABCの面積を求めれば
よいので、答えは

$$10 \times 26 \div 2 = 260 \div 2 = 130 \ (cm^2)$$

上の答えが間違いである訳を説明しよう。

外側の線分AB、線分BE、線分EC、線分CD、線分DAで囲まれた図形は三角形に見えるが、実際は三角形ではない。

正しくは、台形ABEDと直角三角形DECの面積の合計を求めなくてはならない。そこで、

台形ABEDの面積 ＝（上底＋下底）×高さ÷2

$$= (10 + 6) \times 10 \div 2$$

$$= 16 \times 10 \div 2 = 160 \div 2$$

$$= 80 \ (cm^2)$$

直角三角形DECの面積

＝底辺×高さ÷2

$$= 16 \times 6 \div 2 = 96 \div 2 = 48 \ (cm^2)$$

となるので、正解は

台形ABEDの面積＋直角三角形DECの面積

$$= 80 + 48 = 128 \ (cm^2)$$

となる。

例題は、与えられた図を正確に描くと、外周の図形は三角形でないことが直ぐに分かる。

およそ図形の問題では図を正確に描くことが大切で、とくに角度を求める問題では、図を正確に描くと正解が先に分かることが多々ある。

もちろん、その後から正解を導く論理的な文章を書く必要はある。

---- 復習問題 ----

問 たて4cm、横6cmの長方形ABCDの中に、三つの三角形❶、❷、❸が図のようにある。それら三つの三角形の合計の面積を求めよ。ただし、どの三角形の頂点も辺AD上にあり、どの三角形の底辺も辺BC上にあって、それら三つの底辺を合わせたものがぴったり辺BCと一致している。

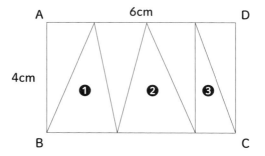

問 2 図のように、一辺が4cmの正方形ABCDの中にある六角形EFGHIJの面積を求めよ。ただし、点Eは辺AD上にあり、点Fと点Gは辺AB上にあり、点Hは辺BC上にあり、点Iと点Jは辺CD上にある。

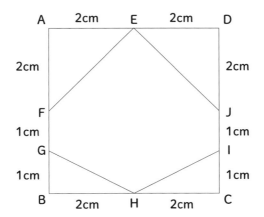

問 3 縮尺が10万分の1の地図上に問2と同じ六角形EFGHIJの土地があるとき、その実際の面積は何km²になるか。

問1

解答

❶の面積＝❶の底辺×AB÷2

❷の面積＝❷の底辺×AB÷2

❸の面積＝❸の底辺×AB÷2

なので、

求める面積＝（❶の底辺＋❷の底辺＋❸の底辺）×AB÷2

　　　　　＝BC×AB÷2

　　　　　＝6×4÷2＝12（cm²）

を得る。

問2

解答

六角形EFGHIJの面積

　＝正方形ABCDの面積－三角形AFEの面積

　－三角形GBHの面積－三角形IHCの面積

　－三角形DEJの面積

＝4×4－2×2÷2－2×1÷2－2×1÷2－2×2÷2

＝16－2－1－1－2＝10（cm²）

を得る。

問 **3**

解答

地図上で一辺が1cmの正方形があるとき、その実際の土地面積は

$$10万\,cm \times 10万\,cm = 1000m \times 1000m$$
$$= 1km \times 1km = 1km^2$$

である。したがって、六角形EFGHIJの実際の土地面積は10km²となる。

❸ 円の面積
なぜ「半径×半径×π」になるのか

マンホールの蓋、車輪、茶碗、ボタンなどいろいろなところで使われている円について説明しよう。

平面上で点 O から等距離 r（cm）以内にある点全体を円といい、O を円の中心、円の周りを円周、中心 O から円周上の点までの線分を半径、円周の点から円周の点までの線分で中心を通るものを直径という。そして、円周、半径、直径は、それぞれの長さを表すことがある。そこで、

半径 = r（cm）　　直径 = $2 \times r$（cm）

となる。

よく知られているように、コンパスは円を描く道具である。

円周率は、

　　円周率＝円周÷直径

と定め、π で表す。そして π は、

　　π = 3.141592……

となる無理数（有理数でない無限小数）であることが
知られている。

算数や応用の計算では、π の代わりに近似値の
3.14 を用いることが普通である。

「円周率の定義を述べてください」と質問すると、
よく「3.14 です」と誤った答えを述べる人がいる
ので、注意していただきたい。

円を二つの半径で切り取った形を「扇形」といい、それら半径の間の角を「中心角」という。

なお、円周上の2点に対し、それらを両端とする線分を弦、それらを結ぶ円周上の曲線を（弦に対する）弧という（弦に対する弧は二つある）。

もちろん、扇形の中心と半径は円の中心と半径のことである。

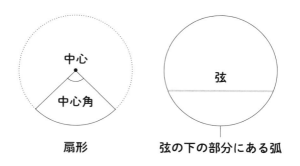

扇形　　　　　　　弦の下の部分にある弧

これから、厳密性には欠けるものの、円の面積公式を直観的に説明しよう。

円の面積公式　円の面積 = 半径 × 半径 × 円周率

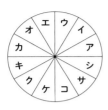 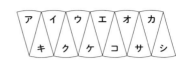

図は、円を中心角が30°の扇形12個に分け、それらを交互に上下を逆にして並べたものである。それを中心角が15°の扇形24個、中心角が7.5°の扇形48個……、と同じように中心角を小さくしていくと、右側の図形はたてが半径、横が

　　円周の半分＝直径×円周率÷2＝半径×円周率

の長方形に近づくことが分かる。そこで、

　　円の面積＝半径×半径×円周率

の成立が理解できる。

また扇形の面積は、円の面積公式よりただちに導か

れる。

中心角が△°の扇形の面積は、円を360個に等分したうちの△個分に相当するので、

$$扇形の面積 = 半径 \times 半径 \times 円周率 \div 360 \times \triangle$$
$$= 半径 \times 半径 \times 円周率 \times \frac{\triangle}{360}$$

となる。

ところで、円の面積公式の厳密な証明について、よく「高校数学で習う積分を使うと証明できる」と言う人がいる。

しかし、その説明方法には大きな欠陥が潜んでいる。この説明では、三角関数の微分積分の出発点にある極限に関する公式を用いている。

ところが、この式の証明では扇形の面積公式、すなわち円の面積公式を用いている。それゆえ、円の面積公式から円の面積公式を導く"循環論法"に陥っているので、重大な欠陥論法である。

そこで必要となるのが、循環論法に陥ることなく円

の面積公式を厳密に求める証明である。

それに関しては、極限に関する厳密な説明から始めて、紀元前のアルキメデスの「取りつくし法」を紹介する形で、循環論法に陥らない円の面積公式の証明を、拙著『新体系・大学数学入門の教科書（上）』（講談社ブルーバックス）にきちんと述べた。

空間図形を含めて円に関連するものの面積や体積を求める様々な公式は、どれも「円の面積公式」を土台としているだけに、その厳密な証明を上記拙著にトピックスとして入れた次第である。

例題 ●

ルーローの三角形

かつて有名なIT企業の入社試験で、「マンホールの
蓋はなぜ円いのか」という問題が出されたそうであ
る。

マンホールの円形の穴の直径を a cm、マンホール
の蓋の直径を b cmとする。

マンホールの蓋をその穴の上に重ねて置くことを考
えると、b は a より大きくなくてはならない。b が
a 以下ならば、マンホールの蓋は円形の穴に落ちて
しまうからである。

逆に、もしマンホールの蓋を立体的にいろいろ動か
して、円形の穴を通過させられるならば、マンホー
ルの蓋の直径が通過する瞬間がある。それは、b は
a 以下であることを意味している。

上で述べたことは円の性質を利用しているが、自動
車や列車の車輪を見ても分かるように、上下の幅を
一定にして板を移動させるときにも円の性質は利用

されている。

それでは、マンホールや車輪で示した性質をもつ図形は円だけであろうか。

実は「ルーローの三角形」というものがあって、それはマンホールや車輪で示した性質をもっている。

次ページの左図は、一辺が a cm の正三角形の各頂点から半径 a cm の円弧を描いて完成させたルーローの三角形である。

次ページの右図の点線のように、もともとのルーローの三角形より内側に入った点だけで構成される、もともとの図形と同じ形をした穴を作ると、もともとのルーローの三角形は、曲げない限りいろいろ動かしてもその穴を通過することができないのである。

さらに、同じ形をしたいくつかのルーローの三角形の上に乗せた板は、次の図のように移動させても、円と同じように上下の幅を一定に保っている。

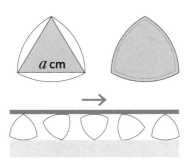

以下、二つの例題を紹介する（二つ目は少し難しい）。

例題 •

下図のように、一辺が8cmの正方形ABCDの中に
四つの半円がある。それらの重なる部分の面積を求
めよ。なお、円周率は近似値の3.14でなく、 π を
用いるとする。

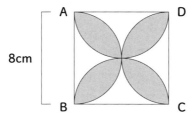

【解説】

以下のようにして、求める面積が分かる。

一つの半円の面積 $= 4 \times 4 \times \pi \div 2 = 8 \times \pi$（cm²）

求める部分の面積 $=$ 四つの半円の面積の合計

$\qquad$ $-$ 正方形ABCDの面積

$\qquad$ $= 4 \times 8 \times \pi - 8 \times 8$

$\qquad$ $= 32 \times \pi - 64$（cm²）

を得る。

例題 •

一辺が1の正方形において、各頂点を中心とする半径1の円を四つ描くと、正方形の内側には斜線で示した図形ができる。この図形の面積を求めよ。ただし、一辺が1の正三角形の高さを h として、h と π を使って答えを表すものとする（ちなみに中学数学では、$h = (\sqrt{3}) \div 2$ であることを学ぶ）。

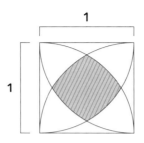

【解説】

問題の図を次のように描き直してみると、以下の式の成立が分かる。

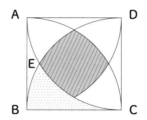

　求める斜線でできた部分の面積

　＝正方形の面積 − 4 ×（点々で示した部分の面積）

また、三角形ECDは一辺が1の正三角形なので、

角 ECB = 角 BCD − 角 ECD = 90° − 60° = 30°

となる。よって、

点 C を中心とする扇形 EBC の面積
$= 1 \times 1 \times \pi \times \dfrac{30}{360} = \pi \div 12 = \dfrac{1}{12} \times \pi$

が成り立つ。そこで、

点々で示した部分の面積
= 点 C を中心とする扇形 EBC の面積
　− 弧 EC と弦 EC に挟まれた部分の面積
= 点 C を中心とする扇形 EBC の面積
　−（点 D を中心とする扇形 ECD の面積
　− 正三角形 ECD の面積）

$= \dfrac{1}{12} \times \pi - \left(1 \times 1 \times \pi \times \dfrac{1}{6} - 1 \times h \times \dfrac{1}{2} \right)$

$= \dfrac{1}{12} \times \pi - \dfrac{1}{6} \times \pi + \dfrac{1}{2} \times h$

$= \dfrac{1}{2} \times h - \dfrac{1}{12} \times \pi$

が導かれたことになる。

以上から、

求める面積
$$= 1 \times 1 - 4 \times \left(\frac{1}{2} \times h - \frac{1}{12} \times \pi \right)$$

$$= 1 - 2 \times h + \frac{1}{3} \times \pi$$

を得る。

復習問題

問1 図の外側は一辺が2cmの正方形で、それに内接する円に内接する正方形の面積を求めよ。ヒントとして、内側にある正方形を回転させてみよ。

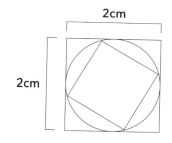

2cm

2cm

問2 図のように、一辺が8cmの正方形の中に二つの半円がある。どちらも半径は4cmで、一つの中心は辺BCの中点、もう一つの中心は辺CDの中点である。このとき、灰色の部分の面積を求めよ。なお、円周率は π を用いよ。

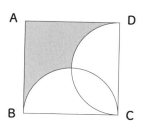

内側にある正方形を下図の位置になるように回転させてみる。それによって、外側の正方形の内側には一辺が1cmの四つの正方形ができ、それぞれの小さい正方形は対角線によって半々に分けられていることに注目する。それによって求める面積は

$$4 \times (1 \times 1 \div 2) = 2 \ (cm^2)$$

であることが分かる。

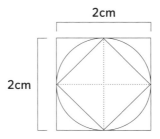

問2
解答
本文の最初の例題を参考にすると、二つの半円の重なる部分の面積は

$$(32 \times \pi - 64) \div 4 = 8 \times \pi - 16 \ (\text{cm}^2) \quad \cdots\cdots(*)$$

であることが分かる。よって灰色の部分の面積は、正方形ABCDの面積から［二つの半円の面積の合計］を引いて、さらに（*）を足せばよいことになる。

したがって、

$$求める面積 = 64 - 4 \times 4 \times \pi + 8 \times \pi - 16$$
$$= 48 - 8 \times \pi \ (\text{cm}^2)$$

を得る。

4 空間図形
円錐の体積公式に $\frac{1}{3}$ が現れる訳

最 初に1957年の大阪大学入学試験問題の一つ
を紹介しよう。

（例題）••••••••••••••••••••••••••••••••

空間に相異なる三つの直線 l, m, n があって、ど
の二つも交わっているとき、交点の個数を求めよ。

【解説】

「空間」と聞いただけで「ドキッ」とする人もいる
ようであるが、冷静に考えればやさしい問題である。
l と m の交点をPとすると、n がPを通れば答えは
1個である。

n がPを通らなければ、n と l の交点をQ、n と m
の交点をRとすると、QとRは異なる。なぜならば、
Q＝Rとすると、l と m の両方はPとQを通ること
になるので、l＝m となって矛盾である。

以上から、交点の個数は1個か3個である。

昔、この問題を学生諸君に質問したとき、「1個」に気付かないで「3個」という誤答がいくつもあった。

ちなみに「3個」の場合は、三つの直線は一つの平面上にあるが、「1個」の場合は空間図形として三つの直線を捉えなければならない。それだけ空間図形は扱いが難しくなるのである。

空間図形としてよく取り上げるものとして、「多面体」がある。

これは（平面）多角形の面だけで囲まれた立体で、よく知られているものとして以下のものがある。

なお、立方体は特殊な直方体である。

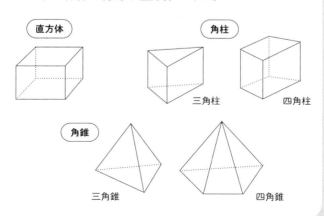

空間図形の取り上げ方には、見取り図、投影図、展開図、平面で切った切り口、などいろいろある。
207ページでは立方体の展開図のリストを示したが、それを含めて以下の空間図形の展開図はよく使われる。

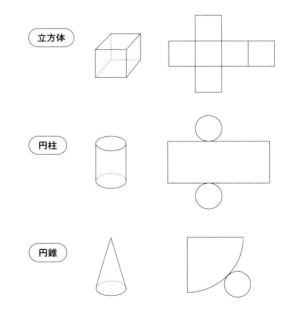

一方で、算数で取り上げる空間図形のうち、球は展開図が描けない。もちろんメルカトル図法もあるが、場所によって倍率が大きく異なる。

しかし、メルカトル図法だけ学んでいる子ども達の中には、「飛行機の飛行ルートは、なんで（メルカトル図法上で）真っ直ぐではないのですか」という疑問を持つ者が少なくない。

それに対する回答として、算数では学ばない「大円」について説明しよう。

球面上に二つの点A、Bをとったとき、AとBと中心の三つの点で決まる平面で球を切ったときにできる円を、AとBを通る「大円」という。

実は、AからBまで球面上を移動するときの最短距離ルートは、この大円が決めているのであり、航空機の飛行ルートの決定に役立っている。

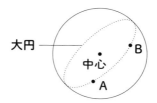

メルカトル図法の地図上に大円を描くと、"真っ直ぐ"な線にならないことが普通である。

直方体は各面が長方形の形をした六つの面で囲まれた立体であり、向かい合う面は平行である。

空間における二つの平面が「平行」であるとは、それらが同一の直線と垂直であるときにいうが、それら二つの平面が交わることはないのである。

なお、直線 ℓ が平面と「垂直」であるとは、次ページの図のようにそれらが交わって、平面上にある交点を通るどの直線とも ℓ は垂直である場合にいう。

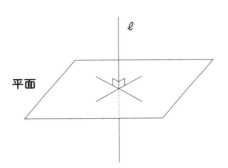

空間における二つの直線が「平行」であるとは、それらが同一の平面上にあって、その平面上で平行な場合をいう。

もちろん、二つの直線が同一平面上にあって平行でない場合は、それらは交わる。また、空間における二つの直線が同一平面上にない場合、それらは「ねじれの位置」にあるという。

空間における二つの平面PとQが交わるとき、それらの「つくる角」(「なす角」)とは、以下のようにして求めた角である。

それらが交わってできる直線をℓとして、直線ℓ上に任意の点Oをとって、平面P上に直線AOとℓが垂直となるような点Aをとり、平面Q上に直線BO

とℓが垂直となるような点Bをとる。

このとき、∠AOBを平面Pと平面Qの「つくる角」
(「なす角」)という(下図参照)。とくに、それが90°
のとき平面Pと平面Qは垂直であるという。

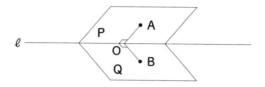

以下、空間図形の表面積や体積について考えよう。

主な空間図形の表面積は、球を除くと展開図によっ
て求めればよい。

体積に関しては、たとえば、たてが3cm、横が4
cm、高さが2cmの直方体の体積は、

$3 \times 4 \times 2 = 24$ （cm³）

となる。そして、式の意味をしっかり書く立場から、

$$3cm \times 4cm \times 2cm = 24cm^3$$

とも書く。

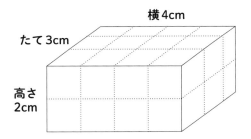

これを一般化させて、次の公式が成り立つ。

直方体の体積 ＝ たて × 横 × 高さ ＝ 底面積 × 高さ

同様に考えて、

角柱や円柱の体積 ＝ 底面積 × 高さ

という公式が成り立つ。なお角柱や円柱は、下底面
と上底面は平行であるとしている。

取り上げなくてはならない残る公式は以下の四つに
なる。

角錐の体積 = $\frac{1}{3}$ × 底面積 × 高さ

円錐の体積 = $\frac{1}{3}$ × 底面積 × 高さ

球の体積 = $\frac{4}{3}$ × π × 半径 × 半径 × 半径

球の表面積 = 4 × π × 半径 × 半径

ここで、円錐や角錐の「高さ」は次のようにして定
める。
円錐に関しては、頂点Aから底面に垂線 ℓ を引き、
ℓ と底面の交点をBとするとき、線分ABの長さを
「高さ」という。
なお算数としては、Bは底面の円の中心となること
に注意する。

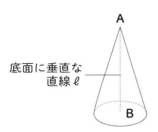

底面に垂直な
直線 ℓ

角錐の「高さ」に関しても同様に定めるが、次のような図形も含むことに注意する。

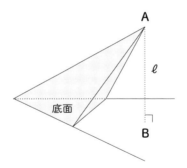

円錐や角錐の体積公式に「$\dfrac{1}{3}$」が現れる根拠は、高校で習う積分を用いると理解できるが、円錐に関しては当然「円の面積公式」を仮定している。

実は、「球の体積」や「球の表面積」も「円の面積

公式」を仮定すれば、高校で習う積分で説明できるのである。

要するに、「円の面積公式」こそが根本として最重要事項なのである。本章第3節で、そのあたりを詳しく言及したのはそれゆえである。

しかしながら、大雑把な説明で構わないならば、先の四つの公式を説明することは可能である。それらに関しては拙著『新体系・中学数学の教科書（下）』（講談社ブルーバックス）に丁寧に述べたので参考にしていただければ幸いである。

ちなみに下図のように、立方体を三つの同じ四角錐に分割できることが本質にある。

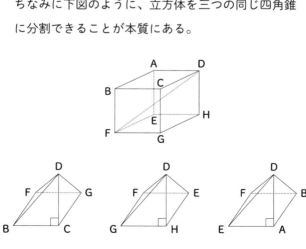

以下、空間図形に関する例題を二つ挙げよう。このような問題は、就活の適性検査では頻出である。

例題 •

図は円錐の展開図を表している。円錐の底面の直径と円錐の表面積を求めよ。

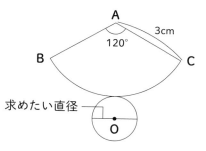

求めたい直径

【解説】

Aを中心とする扇形の半径は3cmで、扇形の中心角は120°なので、

　扇形のBからCまでの弧の長さ
　＝（半径3cmの円周の長さ）× $\dfrac{120}{360}$

$$= 3 \times 2 \times \pi \times \frac{120}{360}$$
$$= 2 \times \pi \quad (\text{cm})$$

を得る。そして、その長さがOを中心とする円周の
長さになるので、

円の直径 × π = 2 × π

円の直径 = 2（cm）

円の半径 = 1（cm）

が分かる。

以上から、

円錐の表面積

= 側面積(側面の面積) + 底面積(底面の面積)

$$= 3 \times 3 \times \pi \times \frac{120}{360} + 1 \times 1 \times \pi$$

$$= 3 \times \pi + 1 \times \pi = 4 \times \pi \quad (\text{cm}^2)$$

が導かれるのである。

例題 ．．．．．．．．．．．．．．．．．．．．．．．．．．．．．．．．

図は円柱の一部分で、側面は底面に垂直である。この立体の表面積と体積を求めよ。

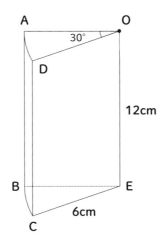

【解説】

立体の側面は、一つの曲面ABCDと二つの長方形から成り立っている。その曲面と底面の境にある曲線は、半径が6cm、中心角が30°の扇形の弧（ADまたはBC）の部分になる。したがって、

立体の側面積

= 一つの曲面 ABCD の面積

   ＋長方形 DCEO の面積 × 2

$= 6 \times 2 \times \pi \times \dfrac{30}{360} \times 12 + 6 \times 12 \times 2$

$= 12 \times \pi + 144$ （cm²）

を得る。

一方、立体の底面は、半径が6cm、中心角が30°の扇形から成り立っているので、

立体の一つの底面の面積

$= 6 \times 6 \times \pi \times \dfrac{30}{360}$

$= 3 \times \pi$ （cm²）

を得る。したがって、

立体の表面積

= 立体の側面積 ＋ 立体の一つの底面の面積 × 2

$= 12 \times \pi + 144 + 3 \times \pi \times 2$

$= 18 \times \pi + 144$ （cm²）

が導かれるのである。

立体の体積に関しては、底面が半径6cmの円で、
高さが12cmの円柱の体積の12分の1となるので
（底面の扇形の中心角30°は360°の12分の1）、

立体の体積
$= 6 \times 6 \times \pi \times 12 \div 12 = 36 \times \pi$ （cm³）

を得る。

最後に、空間図形を平面で切った切り口に注目する
例を挙げよう。

例題 •

富士山の山頂からの視界

東京都の立川市、八王子市、東村山市、板橋区などには「富士見町」という町名がある。

現在では多くのビルが立ち並んでいることもあって、そのような町で富士山を見ることは容易ではないだろう。

しかし、もし空気の澄んだ晴天の日にそれらの町で遠望が利く場所に立つと、「本当に富士山は見えるのか」について考えてみよう。

まず、地球はおよそ半径6400kmの球体をしている。次の図において、Aは地上 h kmの地点、BはAから見渡せる最も遠い地上の点、Oは地球の中心、円Oは三角形ABOの高さOBを半径とする円である。図において、三角形ABOは角ABOが直角の直角三角形である。そこで、中学校で学ぶ「三平方（ピタゴラス）の定理」によって、

ABの距離 × ABの距離 + BOの距離 × BOの距離
= AOの距離 × AOの距離

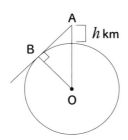

が成り立つ。

上式において、富士山の高さ3776mに近い h = 3.8（km）の場合を考えて、

BOの距離 = 6400（km）

AOの距離 = 6400 + 3.8=6403.8（km）

を代入して（電卓で）計算すると、ABの距離は約220（km）であることが分かる。

富士山頂から東京都心までの距離は約100kmなので、冒頭に挙げた「富士見町」からは、富士山が余裕をもって見えることを意味している。

― 復習問題 ―

問 1 図で示した角柱の体積を求めよ。なお、上底面と下底面は同じ形の台形である。

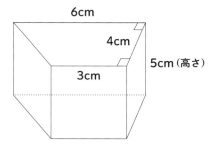

問 2 図で示した角錐の体積を求めよ。なお、底面は長方形である。

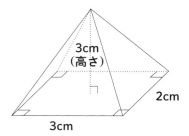

問 3 図のように半径1cmの球は、一辺が2cmの立方体にぴったり収まっている。すなわち、立方体の各面と球面が接している。このとき球と立方体について、体積の比および表面積の比を求めよ。

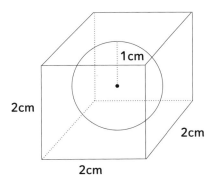

問 1

解答

底面は台形なので、その面積は

$$(3 + 6) \times 4 \div 2 = 18 \ (\text{cm}^2)$$

となる。また、角柱の高さは5cmなので、

$$\text{角柱の体積} = 18 \times 5 = 90 \ (\text{cm}^3)$$

を得る。

問 2

解答

底面の面積 $= 3 \times 2 = 6 \ (\text{cm}^2)$

角錐の高さ $= 3 \ (\text{cm})$

なので、

$$\text{角錐の体積} = \frac{1}{3} \times 6 \times 3 = 6 \ (\text{cm}^3)$$

を得る。

問 **3**
解答

$$球の体積 = \frac{4}{3} \times 1 \times 1 \times 1 \times \pi$$

$$= \frac{4}{3} \times \pi \quad (\text{cm}^3)$$

立方体の体積 $= 2 \times 2 \times 2 = 8 \quad (\text{cm}^3)$

となるので、

$$球の体積 : 立方体の体積 = \frac{4}{3} \times \pi : 8$$

$$= \pi : 6$$

を得る。

一方、立方体の表面は、六つの一辺2cmの正方形からなるので、

立方体の表面積 $= 6 \times 2 \times 2 = 24 \quad (\text{cm}^2)$

となる。また、

球の表面積 $= 4 \times \pi \times 1 \times 1 = 4 \times \pi \quad (\text{cm}^2)$

であるので、

••

球の表面積：立方体の表面積 $= 4 \times \pi : 24$

$$= \pi : 6$$

を得る。

球と立方体について、体積の比と表面積の比は、どちら
も $\pi : 6$ と一致するのである。

••

アルキメデスの墓標の拡張

本節復習問題の問3は立方体に球だったが、円柱に球がぴったり収まっている図は、有名なアルキメデスの墓標に描かれたそうである。筆者は、思わぬ所でその図を一般化した図と関係式を見付けたことがある。

東京理科大学に移った頃、新宿の京王プラザホテルの45階にあったバー「ポールスター」（2016年に閉店）に何回か通った。円錐を底面と平行な平面で切り取った部分を円錐台というが、その円錐台の形をしたウイスキーグラスに丸氷をぴったり収めたところに、お酒を入れて飲むことが楽しみであった。

それを飲んでいるときアルキメデスの墓標を思い出して、「丸氷の半径×丸氷の半径」が「円錐台の上底面の半径×下底面の半径」と一致することに気付いた。新宿の夜景をバックにグラスに入った丸氷のイラストを、2002年に刊行した絵本『ふしぎな数のおはなし』（数研出版）に描いてもらったことが懐かしい。

第**4**章

場合の数と確率・統計

1 場合の数
樹形図で素朴かつ正確に数える

14 ページでは「場合の数を数えること」の例として、出発地から到着地に至る道順の本数を樹形図によって数えた。およそ樹形図の発想は、素朴にかつ正確に数えることに有効であり、広く応用が利く。

たとえば、性別と血液型（A、B、AB、O）について全部で何通りの型があるかを考えると、樹形図を描いて次の

$$2 \times 4 = 8（通り）$$

の型があることが分かる。

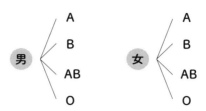

そこで、もしここに9人いるならば、そのうちの少なくともある二人は性別と血液型が一致することが分かる。

同様に考えると、現在生きている、ある二人の日本人は、誕生日の月と日、生まれた時刻の時と分、血液型、住所地の都道府県のすべてが一致することが分かる。実際、上のように樹形図を想定して考えると、それらに関するすべての場合の数は

    366 × 24 × 60 × 4 ×   47
（月と日）（時）（分）（血液型）（都道府県）
  ＝ 99083520

となる。そして、この数は現在の日本の人口約1億2400万人より小さいので、結論が導かれる。

実は、場合の数を数えることは、簡単そうで意外と難しく奥が深いものである。「離散数学」という専門の数学があるのは、それゆえだといえるだろう。大きく分けると数える方法には以下の三つがある。

「帰納的に考えること」
「2通りに数えること」
「対称性を用いること」

算数として取り上げることが可能な話題を、それぞれ順に紹介しよう。

例題 ●

京都大学2007年入試問題の変形

1歩で1段または2段のいずれかで階段を昇るとき、1歩で2段昇ることは連続しないものとする。6段の階段を昇る昇り方は何通りあるかを求めよう。

下からN段までの階段の昇り方を N で表すことに
すると、

　$①$ = 1 （通り）
　$②$ = 2 （通り）
　$③$ = 3 （通り）

までは、やさしく分かる。次に $④$, $⑤$, $⑥$ を求めて
みよう。

　$④$ = 4段目に昇る最後の1歩は1段の場合の数
　　　+4段目に昇る最後の1歩は2段の場合の数
　　= $③$ + （$②$ のうち、2段目に昇る最後の1歩が
　　　1段の場合の数）
　　= $③$ + $①$
　　= 3 + 1 = 4 （通り）

　$⑤$ = 5段目に昇る最後の1歩は1段の場合の数
　　　+5段目に昇る最後の1歩は2段の場合の数

$= ④ +$（③のうち、3段目に昇る最後の1歩が

　1段の場合の数）

$= ④ + ②$

$= 4 + 2 = 6$（通り）

$⑥ = 6$段目に昇る最後の1歩は1段の場合の数

　　$+ 6$段目に昇る最後の1歩は2段の場合の数

$= ⑤ +$（④のうち、4段目に昇る最後の1歩が

　1段の場合の数）

$= ⑤ + ③$

$= 6 + 3 = 9$（通り）

なお、6段でなく15段の階段を昇る場合の数を求める問題が京大の入試問題である。この答えは277通りであり、ヒントとしてNが4以上のとき、一般に

$$Ⓝ = \boxed{N-1} + \boxed{N-3}$$

が成り立つ。

例題 •••••••••••••••••••••••••••••

アルバイト店員が何人か在籍する年中無休のお店で、
次の形態で1週間のスケジュールを組むとする。

- （ⅰ）アルバイト店員は、誰もが1週間にちょう
　　　　ど3日出勤する。
- （ⅱ）何曜日でも、ちょうど30名のアルバイト店
　　　　員が出勤する。

以上の条件のもとで、アルバイト店員の総人数は何
人になるだろうか。

次ページの図のように、縦軸に名前、横軸に曜日を
とり、各人が出勤する曜日を黒丸によって表すこと
を想定する。

図においては、鈴木は日・水・土、田中は月、火、金、
佐藤は月、木、金にそれぞれ出勤する。

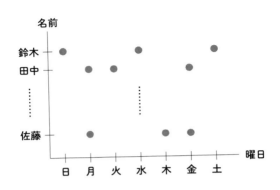

いまアルバイト店員の総人数を n とすると、(ⅰ)
より図における点全体の個数は $3 \times n$ 個である。
一方、(ⅱ) より図における点全体の個数は 30×7
個である。よって

$$3 \times n = 30 \times 7$$

となるので、$n = 70$（人）が分かる。

例題 ・・・・・・・・・・・・・・・・・・・・・・・・・・

白と黒の玉を合計6個使って、ネックレスを作りたい。何通りのネックレスが考えられるだろうか。なお、全部白でも全部黒でも構わない。またネックレスは表と裏がないので、次の二つは同じネックレスと考える。

結論を述べると、以下の13通りになる。

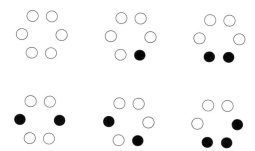

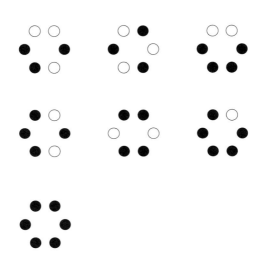

ここで、例題を2題紹介する。

後のほうの例題はIT分野で世界的に有名なインド工科大学の入学試験で出題されたもので（2020年）、その中ではかなりやさしいものである（他には、微分方程式や3行3列の行列や逆三角関数などの難しい問題もある）。

例題 ・・・・・・・・・・・・・・・・・・・・・・・・・・・・・・

ここにA、B、C、D、E、Fの6人がいる。6人を二つのグループに分ける場合の数（分け方の数）はいくつになるかを求めよ。ただし、0人というグループは認めない。

【解説】

二つのグループに分けるとき、それらの人数は次の三つが考えられる。

　　（ア）1人と5人の場合
　　（イ）2人と4人の場合
　　（ウ）3人と3人の場合

そこで、（ア）、（イ）、（ウ）それぞれについて、何通りあるかを求めてみる。

（ア）の場合は以下の6通りがある。

一つがAで、もう一つがA以外の人達

一つがBで、もう一つがB以外の人達

一つがCで、もう一つがC以外の人達

一つがDで、もう一つがD以外の人達

一つがEで、もう一つがE以外の人達

一つがFで、もう一つがF以外の人達

（イ）の場合は以下の15通りがある。

一つがAとBで、もう一つがその他の人達

一つがAとCで、もう一つがその他の人達

一つがAとDで、もう一つがその他の人達

一つがAとEで、もう一つがその他の人達

一つがAとFで、もう一つがその他の人達

一つがBとCで、もう一つがその他の人達

一つがBとDで、もう一つがその他の人達

一つがBとEで、もう一つがその他の人達

一つがBとFで、もう一つがその他の人達

一つがCとDで、もう一つがその他の人達

一つがCとEで、もう一つがその他の人達

　　　一つがCとFで、もう一つがその他の人達
　　　一つがDとEで、もう一つがその他の人達
　　　一つがDとFで、もう一つがその他の人達
　　　一つがEとFで、もう一つがその他の人達

（**ウ**）の場合は、（**ア**）や（**イ**）と同じように求める
と間違ってしまう。なぜならば、次の2通りの分け
方は同じだからである。

　　　一つがAとBとCで、もう一つがその他の人達
　　　一つがDとEとFで、もう一つがその他の人達

そこで、Aが入っている3人のグループと、その他
の人達の二つに分けることを考えてみる。すると

（**ウ**）の場合は、以下の10通りが考えられる。

　　　一つがAとBとCで、もう一つがその他の人達
　　　一つがAとBとDで、もう一つがその他の人達
　　　一つがAとBとEで、もう一つがその他の人達

一つがAとBとFで、もう一つがその他の人達

一つがAとCとDで、もう一つがその他の人達

一つがAとCとEで、もう一つがその他の人達

一つがAとCとFで、もう一つがその他の人達

一つがAとDとEで、もう一つがその他の人達

一つがAとDとFで、もう一つがその他の人達

一つがAとEとFで、もう一つがその他の人達

以上から

6人を二つのグループに分ける場合の数
= 6 + 15 + 10 = 31（通り）

となる。

なお、この問題を、6人を三つのグループに分ける
場合の数を求める問題にするとずっと難しくなる。
この答えは90通りであるが、理系進学の高校生で
もよく間違えてしまう。

例題 ●●●●●●●●●●●●●●●●●●●●●●●●●●●●●●

ホテルの相異なる四つの部屋ア、イ、ウ、エを確保
してある。6人の客A、B、C、D、E、Fがその四つ
の部屋に分かれて泊まることになった。

各部屋には1人か2人が泊まるとすると、全部で何
通りの場合が考えられるか。

【解説】

各部屋に1人か2人が泊まるので、結局、二つの部
屋に1人ずつ泊まり、二つの部屋に2人ずつ泊まる
ことになる。

1人が泊まる二つの部屋の選び方を考えると、それ
は、四つのア、イ、ウ、エから二つの選び方なので、
以下の6通りある（これは、相異なる4個から2個を選ぶ
組合せ）。

　アとイ、　アとウ、　アとエ、　イとウ、　イとエ、
　ウとエ

ここで、前記の6通りの場合を (I) とする。

(I) で、アとイだけに注目して、アとイに1人が泊まる場合の決め方は、以下のようにして30通りであることが分かる（これは、相異なる6個から2個を選んで並べる順列）。

（アの客、イの客）=
（A、B）、（A、C）、（A、D）、（A、E）、（A、F）、
（B、A）、（B、C）、（B、D）、（B、E）、（B、F）、
（C、A）、（C、B）、（C、D）、（C、E）、（C、F）、
（D、A）、（D、B）、（D、C）、（D、E）、（D、F）、
（E、A）、（E、B）、（E、C）、（E、D）、（E、F）、
（F、A）、（F、B）、（F、C）、（F、D）、（F、E）

ここで、上記の30通りの場合を (II) とする。
さらに、（アの客、イの客）=（A、B）の場合、残りの4人C、D、E、Fが2人ずつウとエに泊まることになる。

この場合、次の6通りが考えられる（残り4人から2人を選んで、それがウに泊まり、残りの2人がエに泊まる）。

（ウの客、エの客）＝
（CとD、EとF）、（CとE、DとF）、
（CとF、DとE）、（DとE、CとF）、
（DとF、CとE）、（EとF、CとD）

ここで、上記の6通りの場合を（Ⅲ）とする。
（Ⅰ）のそれぞれに対して、（Ⅱ）の決め方は30通りなので、結局、

［Xさんは1人部屋△に泊まり、Yさんは1人部屋○に泊まる］

という決め方は、全部で6 × 30 = 180（通り）あることが分かる。ただし、XとYは異なる。
最後に、上記の180通りのそれぞれに対し、残った2人部屋に泊まる4人の決め方は、（Ⅲ）より6通りである。

以上から、この問題の解答は

   $180 \times 6 = 1080$（通り）

であることが分かる。

─────── 復習問題 ───────

問 1 A、B、C、D、E、F、Gの7人から、書記、会計、広報の3人を決める場合の数を求めよ。ただし、兼職は認めないとする。

問 2 A、B、C、D、E、F、Gの7人から、書記、会計、広報の3人を決める場合の数を求めよ。ただし、1人が2役も3役も兼ねてよいとする。

問 3 A、B、C、D、E、F、Gの7人から、3人で構成される委員会を決める場合の数を求めよ。ただし、3人の委員会の中では、何ら役職等の区別はないものとする。ヒントとして、問1にあるような書記、会計、広報の3人を決める場合で、委員会として見ると同じたった一つの組み合わせになるものは、いくつあるかを考えてみる。

問 1 解答

書記として7通りある。その各々に対して会計は6通りある。よって、書記と会計で、全部で

$$7 \times 6 = 42 \text{（通り）}$$

の場合がある。さらに、それら42通りの各々に対して広報は5通りある。よって書記と会計と広報で、全部で

$$7 \times 6 \times 5 = 210 \text{（通り）}$$

の場合がある。

参考までに、下図は書記がD、会計がFの場合である。

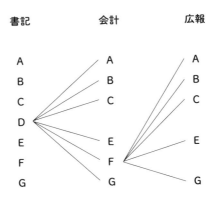

問2
解答

書記として7通りある。その各々に対して会計も7通りある。よって、書記と会計で、全部で

$$7 \times 7 = 49 \text{（通り）}$$

の場合がある。さらに、それら49通りの各々に対して広報も7通りある。よって、書記と会計と広報で、全部で

$$7 \times 7 \times 7 = 343 \text{（通り）}$$

の場合がある。

問3
解答

書記、会計、広報の3人を決める以下の6通りの場合は、役職等の区別を設けない委員会に変更すると、A、B、Cの3人で構成されるたった一通りの委員会 {A、B、C} になる。また、たった一通りの委員会 {A、B、C} になる（書記、会計、広報）も、次の6通りのみである。

•••

（書記、会計、広報）：

（A、B、C）、（A、C、B）、（B、A、C）、

（B、C、A）、（C、A、B）、（C、B、A）

A、B、Cの3人についてここで述べたことは、A、B、C、D、E、F、Gの7人から選んだどの3人についてもいえることなので、結局、問1の答えの210を6で割った商の35（通り）が問3の答えになる。

•••

確率の考え方

2 3人でじゃんけん。あいこになる確率は

確率という言葉は誰もがよく使う言葉だろう。ところが、その意味を誤解している場合が少なくない。

たとえば、サイコロが見えないように細工してあって、次の目の順番で規則正しく出るとする。

1, 2, 3, 4, 5, 6, 1, 2, 3, 4, 5, 6, 1, 2, 3, 4, 5, 6, …

このサイコロを6000回投げると、それぞれの目はちょうど1000回ずつ出る。それでも「このサイコロは、それぞれの目が確率6分の1で出る」とはいえない。

それは、1回目は必ず1の目が出て、2回目は必ず2の目が出て……、6回目は必ず6の目が出て、7回目は必ず1の目が出て……というようになっているからである。

「それぞれの目が確率6分の1で出る」といえるた

めには、何回目に投げるときも、どの目も同じ可能性で出ると考えられることが必要なのだ。

そのように、それぞれの事象が同じ可能性で起こると考えられるとき、それぞれの事象は「同様に確か」という。

この「同様に確か」という言葉は、注意しないと忘れてしまうが、確率を学ぶうえで最も重要な言葉である。

一般に、コインやサイコロを投げるなどの何らかの試行で、起こり得るすべての場合がn通りあり、そのどの場合も起こることが同様に確かとする。このとき、それらのうち特定の事柄の場合がa通りあるならば、その起こる確率pは、

$$p = \frac{a}{n}$$

で与えられる。

なお、確率が1ということは確率が100%、確率が$\frac{1}{2}$ということは確率が50%であること、等々に留

意する。

（細工のない普通の）サイコロを投げるとき、起こり得るすべての場合の目は1, 2, 3, 4, 5, 6で、またそれらのどの目が出ることも同様に確かである。そして、たとえば3の倍数の目は3と6の2通りなので、3の倍数の目が出る確率は

$$\frac{2}{6} = \frac{1}{3}$$

となる。

余談であるが、サイコロは正6面体である。確率に関する問題やゲームでよく用いられる正多面体は、正4面体、正6面体、正8面体、正12面体、正20面体の五つである。この証明は、拙著『新体系・中学数学の教科書（下）』に述べてある。

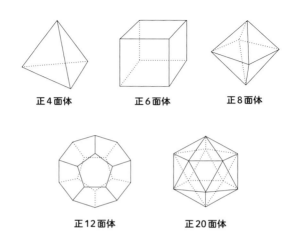

正4面体　　　　　正6面体　　　　　正8面体

正12面体　　　　　正20面体

例題 •

コインとサイコロを投げるとき、コインは表が出て、
サイコロは偶数の目が出る確率を求めよう。

結果として考えられるのは、樹形図で示す12通り
である。そして、12通りのそれぞれは、同様に確
かである。
コインは表、サイコロは偶数の目が出る場合に○を
付けると、次のように3通りである。

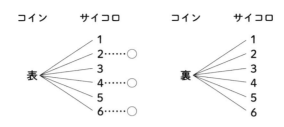

したがって、求める確率は

$$\frac{3}{12} = \frac{1}{4}$$

となる。

ここで、コインの目の出方とサイコロの目の出方は
お互い無関係である。このように、一般に二つの試
行SとTがお互いに無関係な場合、Sに関して事象
Eが起こる確率を p、Tに関して事象Fが起こる確
率を q とすると、二つの試行SとTを同時に行うと
き、EかつFが起こる確率は、

$$p \times q$$

となる。たとえば、コインとサイコロを同時に投げ

るとき、コインは裏でサイコロは1の目が出る確率
は、

$$\frac{1}{2} \times \frac{1}{6} = \frac{1}{12}$$

となる。

例題 •

A, B, C 3人でじゃんけんを1回行うとき、あいこに
なる確率を求めよう。ただし、誰もがグー、チョキ、
パーをそれぞれ確率 $\frac{1}{3}$ で出すとする。

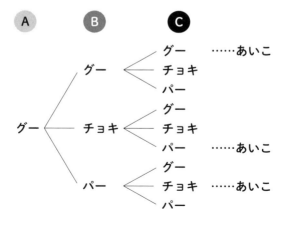

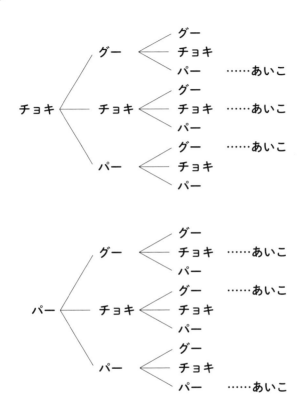

A, B, C 3人でじゃんけんを1回行うとき、樹形図で示した27通りが考えられ、どれも同様に確かである。それらのうち、あいこになるのは9通りなので、

あいこになる確率 $= \dfrac{9}{27} = \dfrac{1}{3}$

となる。

例題 •

大人がサイコロを投げたところ、大人からは見えない机の下に落ちてしまった。机の下にいた絶対にうそをつかない正直な子どもは、落ちたサイコロを見て「1の目じゃないよ」と言った。このとき、そのサイコロが2の目である確率を考えてみよう。

1以外の目2, 3, 4, 5, 6は同様に確かで、それ以外の目はない。

したがって、そのサイコロが2の目である確率は $\dfrac{1}{6}$ でなく $\dfrac{1}{5}$ である。

この例題のように、「同様に確か」という言葉を意識していないと、確率は間違いやすい。

プロ野球中継のアナウンサーが、打率0.333の打者に関して「確率的に言って、そろそろヒットを打つ頃でしょう」と言うのは間違いで、「確率的に考えると、次にヒットを打つ確率も0.333です」と言うのが適切である。

例題

A, B, C, D, E, F, G, H, I, J, K, Lの12人から1人を公平に選びたいとき、正12面体があれば、各人を相異なる面に対応させて投げればよい。正12面体がなくても、コインとサイコロがあれば、樹形図のように対応させてから、両方を一緒に投げればよい。

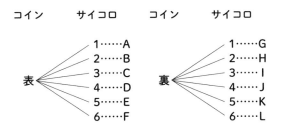

それでは、A, B, C, D, E, F, G, H, I, J, Kの11人から1人を公平に選びたいときは、どのようにすればよ

いだろうか。

それは、前ページの樹形図で最後の「裏 − 6 ……
L」だけを削除して、コインとサイコロを投げれば
よい。運悪く「裏 − 6」が出たならば、再びコイン
とサイコロを投げればよい。

例題 •

宝くじ「ナンバーズ4」は、0から9までを各位に
用いた4桁の数字全部から、当選数字となる4桁の
数字を当てるものである。全部で

$$10 \times 10 \times 10 \times 10 = 10000 \text{（通り）}$$

ある4桁の数字から一つを当てるので、1枚を購入
したとき当たる確率は1万分の1である。

2429、7317、5333のように、重複した数のある4
桁の数字が当たりとなる確率を求めてみよう。
重複した数が全くない4桁の数字は全部でいくつあ

るかを求めると、

$$10 \times 9 \times 8 \times 7 = 5040（通り）$$

となる（前節復習問題の問1を参照）。

それゆえ、重複した数のある4桁の数字は、全部で

$$10000 - 5040 = 4960（通り）$$

である。したがって、求める確率は

$$\frac{4960}{10000} = \frac{496}{1000} = \frac{62}{125}$$

となる。

実は、重複した数のある4桁の数字が当たりとなる確率が5割近くもあることを、不思議に思う人は非常に多い。

この話題や、予想に使われる4桁の数字の特徴に関して、28年前の1996年9月2日「くじの日」に、「めざましテレビ」（フジテレビ）に生出演して述べた

ことを思い出す。

例題 •

野球で、あとヒット1本を打つとサヨナラ勝ちにな
る状況を考える。

（**ア**）の場合は、既に1アウトになっているものの、
中心打者の2人A、Bに打順が回ってきて、その2
人とも打率（ヒットを打つ確率）は $\frac{1}{3}$（3割3分3厘）と
する。

（**イ**）の場合は、まだノーアウトであるものの、打
順は下位の3人C, D, Eに回ってきて、3人の打率は
それぞれ $\frac{1}{4}$（2割5分）、$\frac{1}{4}$（2割5分）、$\frac{1}{5}$（2割）とする。
監督さんとしては（**ア**）と（**イ**）のどちらのほうが
より嬉しく思うか、次のような前提で考えてみよう。

・A, B, C, D, Eはヒットを打つかアウトになるか、
　どちらかしかあり得ないとする。そして、（**ア**）
　についてはAかBどちらかがヒットを打てば勝ち
　となり、（**イ**）についてはCかDかEの誰かがヒ

ットを打てば勝ちとなり、それ以外の状況での勝ちはあり得ないとする。

AとBに関しては、ヒットを打つことと、普通の立方体のサイコロを投げて1または2の目を出すことは、確率として同じである。

またCとDに関しては、ヒットを打つことと、1から4までの数が相異なる面に書いてある正4面体のサイコロを投げて1の目を（置いたときの底の面に）出すことは、確率として同じである。

またEに関しては、ヒットを打つことと、1から20までの数が相異なる面に書いてある正20面体のサイコロを投げて4以下の目を（置いたときの上の面に）出すことは、確率として同じである。以上から、次のことがいえる。

AとBが共にアウトになる確率 p は、立方体のサイコロ2個を投げて、二つとも3以上の目となる確率に等しい。

また、CとDとEが共にアウトになる確率 q は、正

4面体のサイコロ2個と正20面体のサイコロ1個を投げて、正4面体のサイコロは二つとも2以上の目（が底の面）となり、さらに正20面体のサイコロは5以上の目（が上の面）となる確率に等しい。したがって、

$$p = \frac{4 \times 4}{6 \times 6} = \frac{4}{9}$$

$$q = \frac{3 \times 3 \times 16}{4 \times 4 \times 20} = \frac{9}{20}$$

となるので、

AかBのどちらかがヒットを打つ確率
$$= 1 - \frac{4}{9} = \frac{5}{9}$$

CかDかEの誰かがヒットを打つ確率
$$= 1 - \frac{9}{20} = \frac{11}{20}$$

を得る。いま、

$$\frac{5}{9} = \frac{100}{180}, \quad \frac{11}{20} = \frac{99}{180}$$

であるから、監督さんは（**ア**）のほうがより嬉しく思うだろう。

サイコロの各目は 確率6分の1か

膨大なデータをとると、「乱数」と言われているものにも癖があって、何らかの偏りが現れることが知られている。いわんや、普通のサイコロでは目の部分が彫ってあるので、なおさらだろう。そこで、「彫り方による違いはどのように現れるだろうか」という疑問が湧いてくる。

筆者はこの疑問に関して、10年ほど前に次のような実験を試みる夢を抱いた。今までに出前授業に出掛けた小中高校の何校かに協力してもらって、合計100万回ぐらいのサイコロデータを集めて、本当に各目が6分の1の確率で出るかを分析する。しかしコロナがあり、その夢は諦めざるを得なくなった。その無念を晴らすために、1個数万円するチタン製のサイコロを何個か購入した。このサイコロは目の彫りの部分もチタンで埋めてあるので、かなり精度の高いサイコロである。もっとも筆者にとって、それらは大切な飾り物であって、投げて遊んだことはない。

復習問題

問 1 二つのサイコロAとBを投げるとき、目の和が7になる確率を求めよ。

問 2 直線の上に子犬のぬいぐるみが置いてある。サイコロを投げて、1、3、5の目が出たら、ぬいぐるみをそれぞれ10cm、30cm、50cm右に移動させる。また、2、4、6の目が出たら、ぬいぐるみをそれぞれ20cm、40cm、60cm左に移動させる。サイコロを投げるたびに、この作業を続ける。

直線上の点Aをスタート地点として、サイコロを3回投げるとき、ぬいぐるみがスタート地点の点Aに戻ってくる確率を求めよ。

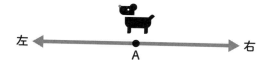

問 1
解答　AとBを投げるときの目の組を

（Aの目、Bの目）

で表すと、次の36通りが考えられる。そして、それら36通りのどの場合も、「同様に確か」と考えられる。

（1、1）、（1、2）、（1、3）、（1、4）、（1、5）、（1、6）、
（2、1）、（2、2）、（2、3）、（2、4）、（2、5）、（2、6）、
（3、1）、（3、2）、（3、3）、（3、4）、（3、5）、（3、6）、
（4、1）、（4、2）、（4、3）、（4、4）、（4、5）、（4、6）、
（5、1）、（5、2）、（5、3）、（5、4）、（5、5）、（5、6）、
（6、1）、（6、2）、（6、3）、（6、4）、（6、5）、（6、6）

上の36通りのうち、目の和が7になるものは以下の6通りである。

（1、6）、（2、5）、（3、4）、（4、3）、（5、2）、（6、1）

したがって、求める確率は

・・・・・・・・・・・・・・・・・・・・・・・・・・・・・・・・・・・・・

$$\frac{6}{36} = \frac{1}{6}$$

となる。

 問2 解答 ・・・・・・・・・・・・・・・・・・・・・・・・・・・・・

サイコロを3回投げるときの、すべての場合は

$$6 \times 6 \times 6 = 216 \text{（通り）}$$

あって、それらはどれも「同様に確か」である。そのう
ち、奇数の目の合計と偶数の目の合計が等しくなるのは、
以下の18通りである。

（1回目、2回目、3回目）：

（2、1、1）、（1、2、1）、（1、1、2）、

（4、1、3）、（1、4、3）、（1、3、4）、

（4、3、1）、（3、4、1）、（3、1、4）、

（6、1、5）、（1、6、5）、（1、5、6）、

（6、5、1）、（5、6、1）、（5、1、6）、

（6、3、3）、（3、6、3）、（3、3、6）

・・・・・・・・・・・・・・・・・・・・・・・・・・・・・・・・・・・・・

• •

以上から、

$$求める確率 = \frac{18}{216} = \frac{1}{12}$$

を得る。

• •

❸ 期待値の考え方

利益を最大化させる仕入れ数

期 待値というと何を想像するだろうか。

学校の教科書では宝くじから期待値を学ぶこ
ともあって、おそらく次のような味気ない宝くじを
想像するのではないだろうか。

	賞金	本数
1等	1000円	1本
2等	100円	2本
3等	10円	3本
はずれ	0円	4本

このくじを1本引いて得られる賞金の平均値は、

$$\frac{1000 \times 1 + 100 \times 2 + 10 \times 3}{10} = 123（円）$$

となり、これを「1本引いたときの賞金の期待値」
という。

上式左辺は

$$1000 \times \frac{1}{10} + 100 \times \frac{2}{10} + 10 \times \frac{3}{10}$$

とも書けるように、一般にくじを1本を引いたときの賞金の期待値は、

1等の賞金×1等を当てる確率＋2等の賞金×2等を当てる確率＋……＋末等の賞金×末等を当てる確率

という式で表すことができる。

ところで、学校教育では「期待値といえば宝くじ」というように、あまりにも応用の範囲が狭い。本書では応用の範囲を広くして、いきいきと期待値を学ぶことにしたい。

いまから十数年前、大学生の就職が厳しい時代に、筆者は桜美林大学での補職として就職委員長を任せられていた。

非言語系の算数・数学の適性検査の成績をアップさせることが緊要だと理解したこともあって、当時、後期の木曜日の夜間に「就活の算数」というボランティア授業を行って、学生諸君を励ましていた。確率や期待値の授業を展開した頃、余談として何回か次のような話をしたことを思い出す。

「1社の採用試験に受かる確率が$\frac{1}{10}$であっても、そのような会社を20社受ければ、採用の期待値は2社になる。『下手な鉄砲も数撃ちゃ当たる』という諺を思い出して頑張ってください」

上の話は簡単な応用例であるが、次にビジネスへの応用として、スーパーマーケットでの加工食品の仕入れに関して述べよう。

仮定として、仕入れ個数は20個単位で、売れたときの利益は1個につき400円、売れなかったときの損失は1個につき900円とし、お客の購入希望合計数予測は次の通りとする。

購入希望 合計数	151〜 170個	171〜 190個	191〜 210個	211〜 230個	231〜 250個
その確率	5%	30%	40%	20%	5%

最初に、上の表を便宜上、次のように書き換えてみる。

購入希望 合計数	160個	180個	200個	220個	240個
その確率	5%	30%	40%	20%	5%

そしてこの表をもとにして、160個、180個、200個、220個仕入れる場合についての利益の期待値をそれぞれ求める。

なお、240個を仕入れることは明らかに不利なので、その場合については検討しなくてよいだろう。

（ア）160個仕入れる場合

400 × 160=64000（円）

（イ）180個仕入れる場合

（ちょうど160個売れる場合の利益）$\times \dfrac{5}{100}$

$\qquad +$（ちょうど180個売れる場合の利益）$\times \dfrac{95}{100}$

$\qquad = (-900 \times 20 + 400 \times 160) \times \dfrac{5}{100}$

$\qquad + 400 \times 180 \times \dfrac{95}{100} = 70700$（円）

（ウ）200個仕入れる場合

（ちょうど160個売れる場合の利益）$\times \dfrac{5}{100}$

$\qquad +$（ちょうど180個売れる場合の利益）$\times \dfrac{30}{100}$

$\qquad +$（ちょうど200個売れる場合の利益）$\times \dfrac{65}{100}$

$\qquad = (-900 \times 40 + 400 \times 160) \times \dfrac{5}{100}$

$\qquad + (-900 \times 20 + 400 \times 180) \times \dfrac{30}{100}$

$$+ 400 \times 200 \times \frac{65}{100} = 69600 \text{（円）}$$

（エ）220個仕入れる場合

（ちょうど160個売れる場合の利益）$\times \dfrac{5}{100}$

$+$（ちょうど180個売れる場合の利益）$\times \dfrac{30}{100}$

$+$（ちょうど200個売れる場合の利益）$\times \dfrac{40}{100}$

$+$（ちょうど220個売れる場合の利益）$\times \dfrac{25}{100}$

$$= (-900 \times 60 + 400 \times 160) \times \frac{5}{100}$$

$$+ (-900 \times 40 + 400 \times 180) \times \frac{30}{100}$$

$$+ (-900 \times 20 + 400 \times 200) \times \frac{40}{100}$$

$$+ 400 \times 220 \times \frac{25}{100} = 58100 \text{（円）}$$

以上から、180個仕入れるとよいことが分かる。

次の話題は、人生最高の期待値計算として思い出すものである。

2010年9月21日に、第1回AKB48じゃんけん大会が開催された。その約10日前に『AKB48じゃんけん選抜公式ガイドブック』（光文社）が出版され、筆者はその本に「（選挙で選ばれた）総選挙ベスト16（人）のうち、何人がじゃんけん選抜ベスト16（人）に入るか」という人数の期待値計算を依頼されて書いた。

その計算結果は以下に述べるように4.25人であったが、じゃんけん大会の当日まで不安でたまらなかった。当たれば嬉しいが、外れたら恥ずかしいからである。

当日の夜、おそるおそる確かめると、なんとその人数が4人であった。最高に嬉しかったが、その一件以来、マスコミからいくつかの期待値計算を依頼されたものの、全部お断りさせていただいた。

理由は、「当たったところが引き際」だと悟っていたからである。

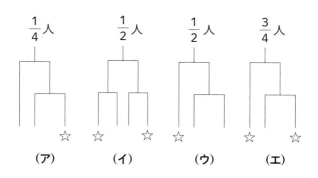

まず、上の図を見ていただきたい。

上の図で☆は、総選挙ベスト16のメンバーだとする。

（ア）のブロックでは総選挙ベスト16のメンバーが $\frac{1}{4}$ 人勝ち上がると理解できる。それが（イ）では $\frac{1}{2}$ 人、（ウ）では $\frac{1}{2}$ 人、（エ）では $\frac{3}{4}$ 人が勝ち上がると理解できる。もちろん仮定として、2人で行う個々のじゃんけんの勝負はすべて互角であるとしている。

（ア）、（イ）、（ウ）、（エ）……のような、じゃんけん選抜ベスト16を決定する小ブロックは全部で16

個あった。そして、ここで求めたような勝ち上がる
人数の期待値16個を、実際のじゃんけんトーナメ
ント表を用いて全部足してみたところ、その結果が
4.25人になったのである。

筆者はAKB48グループに関しては他にもいくつか
の思い出がある。
2016年の2月頃、「（国外を除く）AKB48グループは、
直近の2ヵ月で7人も卒業を表明して、これは多す
ぎではないか」という内容の話題が大きく取り上げ
られた。
ここで、その数字は多すぎではなく、バランスのよ
いものだと説明しよう。ただし前提として、メンバ
ーは平均して7〜8年在籍するものとする。

2ヵ月で7人が卒業ということは、1年で42人が卒
業ということである。もし、AKB48グループのメ
ンバーの人数が、増えることもなく減ることもない
状態が続くと考えると、毎年、42人が卒業して、
42人が加入することになる。

毎年加入した42人がちょうど7年在籍して卒業すると仮定するならば、AKB48グループのメンバー全員の在籍人数は、下図を参照して毎年42×7人となり、これは294人である。

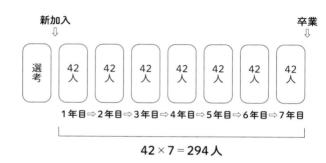

2016年2月頃のAKB48グループの在籍人数は307人であった。

したがって、1年で42人が卒業という数は、在籍期間を7年と仮定すると、在籍人数が307人の当時にマッチした数だといえよう。

当時に関しては、割り算を通して考えると次のようになる。在籍人数が307人、在籍期間が7年という状態が増えることもなく減ることもなく続く場合、

$$307 \div 7 \fallingdotseq 43.857$$

なので、毎年約43.9人の新人が加入して、毎年約43.9人のベテランが卒業する状態がちょうど適当なのである。

以上から、2ヵ月で7人の卒業、すなわち1年で42人の卒業は、AKB48グループにメンバーは大体7年在籍すると考えると、多すぎでなくバランスのよい数字なのである。ちなみに、2023年10月時点のAKB48グループの在籍人数は295人である。

上で紹介した割り算を用いた発想は、いまから約30年近く前に保険数学を学んでいるときに気付いたものであり、期待値計算はこのような内容にも関連するのである。

以下、期待値を用いて考えるゲームを二つ紹介しよう。

最初は、1から12までの12個の数字が各面に書い
てある正12面体を使ったゲームである。

ゲームの規則は、この正12面体を最大3回まで投
げられることにして、最後に出た目の数を得点とす
る。したがって、1回だけ投げた段階で終了するの
も、2回投げた段階で終了するのも、3回まで投げ
て終了するのも自分の意思で決められる。

そして、なるべく高い得点を目指すゲームである。
どのような作戦で臨むとよいだろうか。

具体的に、1回目に1が出て、2回目にも1が出れば、
3回目にチャレンジすることは当然である。また、
1回目に12が出れば、そこで止めることも当然で
ある。

しかし、1回目にたとえば8の目が出たとき、そこ
で止めるか否かは迷うところだろう。このゲームを、
以下のように期待値で考えてみる。

その前に、期待値について再度復習しておこう。

いま袋の中に9点の玉が1個、5点の玉が3個、2点

の玉が6個、それぞれ入っているとする。それら10個の玉の形や大きさは同じとすると、無作為に1個を取り出すとき、9点の玉を引く確率は $\frac{1}{10}$、5点の玉を引く確率は $\frac{3}{10}$、2点の玉を引く確率は $\frac{6}{10}$ となる。

そこで、無作為に1個を取り出すときの得点期待値は、各得点とその確率を掛けて、それらの合計の値になるので、

$$9 \times \frac{1}{10} + 5 \times \frac{3}{10} + 2 \times \frac{6}{10}$$

$$= \frac{9 + 15 + 12}{10} = \frac{36}{10} = 3.6$$

となる。

以下、話を正12面体を使ったゲームに戻して考えよう。

まず、2回目の試行が終わった段階で、3回目を行うときの得点期待値は、

$$1 \times \frac{1}{12} + 2 \times \frac{1}{12} + 3 \times \frac{1}{12} + \cdots\cdots$$

$$+ 11 \times \frac{1}{12} + 12 \times \frac{1}{12}$$

$$= (1 + 2 + 3 + 4 + 5 + 6 + 7 + 8 + 9 + 10 + 11 + 12)$$
$$\div 12 = 6.5$$

となる。したがって、2回目の試行を行った段階では、その目が6以下ならば3回目にチャレンジし、7以上ならば3回目にはチャレンジしないと決めるのがよい。

それでは、1回目の試行が終わった段階ではどうだろう。上で決めたことから、2回目にチャレンジする場合の得点期待値は、

$$7 \times \frac{1}{12} + 8 \times \frac{1}{12} + 9 \times \frac{1}{12} + 10 \times \frac{1}{12} + 11 \times \frac{1}{12}$$

$$+ 12 \times \frac{1}{12} + 6.5 \times \frac{1}{2} = 8$$

となる。これは、2回目に7から12までの目が出たらそこでストップし、2回目に1から6までの目が出たら3回目にチャレンジする場合の得点期待値を計算している。

なお、2回目に7、8、9、10、11、12が出る確率はどれも$\frac{1}{12}$で、2回目に1から6までの目が出る確率は$\frac{1}{2}$である。

したがって、1回目に9以上の目が出たらそこでストップして、1回目に7以下の目が出たら2回目にチャレンジして、1回目に8の目が出たら2回目にチャレンジするか否かは自分の気持ちで判断すればよいことになる。

もう一つのゲームは、いわゆる「ゲーム理論」の一例となるものである。結果だけの紹介になるが、期待値の考え方がとくに生きるのがゲーム理論であろう。確率論が組織的に研究されはじめたのは17世紀からであるのに対し、人間の意思が介在するゲーム理論が組織的に研究されはじめたのは20世紀のことである。

AとBの二人は、グーまたはパーしか出さないじゃんけんを繰り返す。もちろん、グーとパーは各自の意思で決められるものとする。

そして毎回、次のような得点を与える。このゲームはどちらが有利だろうか。

A	B	A	B
グー	グー	0	6
グー	パー	3	0
パー	グー	3	0
パー	パー	0	1

いま、Aがグーを出す確率を x $(0 \leqq x \leqq 1)$、Bがグーを出す確率を y $(0 \leqq y \leqq 1)$、1回のじゃんけんにおけるAの得点期待値を α 、1回のじゃんけんにおけるBの得点期待値を β とすると、$\alpha = \beta$ と次の式は同値（同じこと）であることが分かる（この間の計算は拙著『新体系・高校数学の教科書（上）』を参照）。

$$\left(x - \frac{4}{13} \right) \times \left(y - \frac{4}{13} \right) = \frac{3}{169}$$

この式は xy 座標平面上で次のような双曲線になる（$0 \le x \le 1$, $0 \le y \le 1$ に留意）。

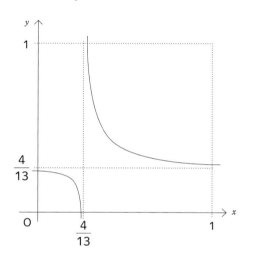

したがって、四つの点 $(0,0)$, $(1,0)$, $(1,1)$, $(0,1)$ で囲まれた正方形の部分において、A と B が互角になるのは双曲線上、ということである。

また、点 $(1,0)$, $(0,1)$ 上では明らかに A が有利である。それゆえ、双曲線にはさまれた部分では A が有利となり、双曲線の外側では B が有利となる。とくに、A は $x = \dfrac{4}{13}$ において、すなわち確率 $\dfrac{4}{13}$ でグ

ーを出すときは、つねに有利なのである。たとえば、AはBに見えないように52枚のトランプから1枚を事前に引いて、それがジャック、クイーン、キング、エースならばグーを出して、その他ならばパーを出せばよい。

なお、このゲームに関しては実際に二人で遊んでみると面白い。かつて、学生諸君に遊んでもらってから説明したことを懐かしく思い出す。

復習問題

 問 1　AとBはグーまたはパーしか出さないじゃんけんを繰り返す。そして毎回、次のような得点を与えるものとする。AとBどちらもグーを確率 $\frac{1}{3}$ で出すとき、このゲームの有利・不利を論ぜよ。

A	B	A	B
グー	グー	4	0
グー	パー	0	2
パー	グー	0	2
パー	パー	1	0

問 1
解答

1回のじゃんけんにおけるA、Bの得点期待値をそれぞれα、βとすると、

$\alpha = 4 \times$（Aがグーの確率）$\times$（Bがグーの確率）
$\quad + 1 \times$（Aがパーの確率）$\times$（Bがパーの確率）

$= 4 \times \dfrac{1}{3} \times \dfrac{1}{3} + 1 \times \left(1 - \dfrac{1}{3}\right) \times \left(1 - \dfrac{1}{3}\right)$

$= \dfrac{4}{9} + \dfrac{4}{9} = \dfrac{8}{9}$

$\beta = 2 \times$（Aがグーの確率）$\times$（Bがパーの確率）
$\quad + 2 \times$（Aがパーの確率）$\times$（Bがグーの確率）

$= 2 \times \dfrac{1}{3} \times \left(1 - \dfrac{1}{3}\right) + 2 \times \left(1 - \dfrac{1}{3}\right) \times \dfrac{1}{3}$

$= \dfrac{4}{9} + \dfrac{4}{9} = \dfrac{8}{9}$

が成り立つ。したがって、AとBどちらもグーを確率$\dfrac{1}{3}$で出すときは、このゲームは互角である。

4 統計の考え方
ジニ係数を計算して経済格差を調査

本節では、様々な分野で必要になった統計分析の基礎に関して学ぼう。

信頼できる統計を得るために誰でも思い付くことは、偏りのないデータをなるべく多く集めたほうがよい、ということである。

AかBどちらを支持するかというアンケートを1000人と1万人を対象に行った結果、1000人調査ではAが528人、Bが472人、1万人調査ではAが5103人、Bが4897人という結果になったとする。この場合、「1000人調査ではAが53%、1万人調査ではAが51%なので、1000人調査からはAが有利といえるものの、1万人調査からは微妙であるといえるだろう」と思う人達は意外と多い。

ところが「有意水準5%」という「検定」の考え方を用いると、1万人調査のデータからは「Aが有利」といえ、1000人調査のデータからは「Aが有

利」とはいえないのである（拙著『新体系・高校数学の教科書（下）』を参照）。

そのように統計分析では、割合の「％」だけでなく、「データ数」も検討することが大切なのである。

また、アンケートなどの統計調査の段階でも重要な問題がある。それは質問の「仕方」である。

以下の例からも分かるように、調査結果に重大な影響を与えるからである。

（1）世界中から日本の景気回復を期待されている状況を説明したうえで、さらなる景気対策の是非を質問する場合と、日本の国債や地方債の残高を説明したうえで、さらなる景気対策の是非を質問する場合。

（2）先に趣味を尋ねた後に購入したい品物を尋ねる場合と、先に購入したい品物を尋ねた後に趣味を尋ねる場合。

（3）会社内で調査するとき、上司を気にしなくてもよい場合と気にしなくてはならない場合。

(4) 時間を十分にかけて質問する場合と、急い
　　で手短に質問する場合。

およそ統計に関しては興味ある話題がいろいろある。
以下、「じゃんけん」、「偏差値」、「ジニ係数」、「量
的変数と質的変数」について、順に述べていこう。

大学入試の数学問題において、コインの表裏の確率
はどちらも $\frac{1}{2}$ であること、サイコロの各目の確率
はどれも $\frac{1}{6}$ であること、これらは暗黙の了解とし
て「仮定」に含まれている。

実際、そのようなことを「仮定」として書いてある
入試問題は見たことがない。

それでは、じゃんけんのグー、チョキ、パーの確率
をそれぞれ $\frac{1}{3}$ とする「仮定」は、書かなくてよい
だろうか。この件に関しては、かつて東京理科大学
勤務時代に大学院生と一緒に、1990年代の大学入
試における「じゃんけん確率問題」を、10年間の
受験雑誌掲載分について調べたことがある。

その結果は、問題文の仮定に「グー、チョキ、パー

はそれぞれ確率 $\frac{1}{3}$ で出すとする」という但し書きがあるものとないものは、ほぼ半分半分だったのである。もちろん、その仮定の扱いが原因でトラブルに発展したことは、過去一度もないだろう。

しかし、大学入試問題の性格を考えると、じゃんけんの問題では一応、その文言を仮定として入れておいたほうが無難だろう。

その理由となるデータを以下、紹介しよう。

1990年代の後半に、当時勤めていた城西大学数学科の4年ゼミナールの学生10人にノートを渡して、膨大なじゃんけんデータをとってもらった。

そのノートは今でも大切に保管しているが、725人から集めた、のべ11567回のじゃんけんデータの記録が残っている。725人の各々が、10～20回のじゃんけんをして得たものであり、次のような集計結果となる。

のべ11567回のじゃんけんデータの内訳は、グーが4054回、チョキが3664回、パーが3849回である。

これから一般に、人間はグーを出すことが多く、チョキが少ないことが分かる。したがって、「一般にじゃんけんではパーが有利」といえる。

そのデータに関して心理学的には、「人間は警戒心をもつと拳を握る傾向がある」という説明のほか、「チョキはグーやパーと比べて出しにくい手である」という説明もある。

また、そのデータから別の特徴も見られる。2回続けたじゃんけんはのべ10833回であったが、そのうち同じ手を続けて出した回数は2465回である。

たとえば、自分はじゃんけん10回戦を行って、順にグー、グー、パー、チョキ、グー、パー、パー、パー、チョキ、グーと出したならば、そのうち、1回目と2回目、6回目と7回目、7回目と8回目が同じ手を続けて出したことになる。

この例に関しては、「2回続けたじゃんけんはのべ9回で、そのうち同じ手を続けて出した回数は3回あった」ということができる。

10833回のうちで2465回という数が意味すること

は、「人間が同じ手を続けて出す割合は $\frac{1}{3}$ よりも低く $\frac{1}{4}$ ぐらいしかない」ということである。

このことから、「二人でじゃんけんをしてあいこになったら、次に自分はその手に負ける手を出すと、勝ちか引き分けになる割合は $\frac{3}{4}$ もあって有利」という結論が得られる。

グーとグーであいこになったら次に自分はチョキを出すと有利、チョキとチョキであいこになったら次に自分はパーを出すと有利、パーとパーであいこになったら次に自分はグーを出すと有利、ということである。

なお、こうしたデータに関しては何回かテレビに出演して紹介したこともあるが、筆者は"じゃんけん博士"ではないので、現在はじゃんけんに関しての出演は丁重にお断りさせていただいている。

1980年代に、「個性尊重」や「多様な人材を集める」などの理由による"入試改革"が多くの大学で行われた。それに関連して指摘したいことがある。

それは（一般入試における）「少科目入試」である。こ

の本音の部分は、大学側による「偏差値の釣り上げ」である。

たとえば、英語と社会だけで受験できる某私立大学があるとする。

A君は数学と理科の偏差値は35であるものの、英語と社会の偏差値は70とする。Bさんは数学、理科、英語、社会どの科目の偏差値も65とする。

その大学の受験結果でA君は合格しBさんは不合格になったとすると、その大学は偏差値70の人は合格するものの偏差値65の人は不合格になる"超ハイレベル"な大学ということになる。

第2次ベビーブーム世代が受験した頃、週刊誌で「ついにMARCHは偏差値で東北大学に大差をつけた！」という記事が躍っていたが、そのような算出法が背景にある。

このような少科目入試をトップクラスの私立大学文系学部が始めた頃は、1科目を入試必須科目から外すと偏差値は5ポイント上昇することが相場であった。外す対象として最も狙われたのが言うまでもなく数学である。

トップクラスの私立大学が始めたものだから、中堅以下の私立大学は、理念などはかなぐり捨てて偏差値競争に負けないように少科目入試を続々と導入したのである。

最近、早稲田大学政治経済学部が入試で数学を必須にしたことが話題になっただけに、偏差値に関しては定義から理解しておきたいものである（拙著『新体系・高校数学の教科書（下）』を参照）。

格差を巡る議論は、年々高まってきている。そこで、格差問題を論じるときによく用いられるジニ係数について、例を用いて説明しよう。

いま、国民が3人で構成されている2ヵ国ア、イを想定し、それぞれの国民の年収は低いほうから並べて以下の通りとする（単位は万円）。

（**ア国**）300、900、1200
（**イ国**）200、200、2000

イ国はア国より格差が大きい国であると思うだろう。

ただ、どちらの国民の平均年収も 800（万円）である。実際、

ア国の平均年収　$\dfrac{300+900+1200}{3} = \dfrac{2400}{3} = 800$

イ国の平均年収　$\dfrac{200+200+2000}{3} = \dfrac{2400}{3} = 800$

となる。

ここから、ジニ係数を算出するために必要なグラフを準備しよう。

ア国に関して、年収の低いほうから1人分の合計年収は300（万円）で、年収の低いほうから2人分の合計年収は

$300 + 900 = 1200$（万円）

で、年収の低いほうから3人分（＝全国民）の合計年収は

$$300 + 900 + 1200 = 2400 \text{（万円）}$$

である。

いま xy 座標平面において、x 座標では人数、y 座標では上記人数分の合計年収をとるとする。したがってア国では、次の3点をとることになる。

A（1, 300）、B（2, 1200）、C（3, 2400）

さらに原点（0,0）をO、点（3,0）をHとし、線分OC、CH、および折れ線O－A－B－Cを描き込むと図1のグラフになる。

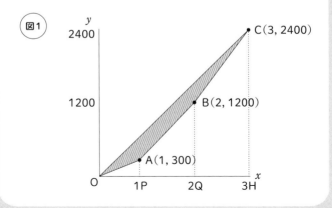

折れ線O－A－B－Cは1905年にアメリカの経済
学者マックス・ローレンツが発表したものであり、
ローレンツ曲線と呼ばれている。

ジニ係数は、ローレンツ曲線を参考にしてイタリア
の統計学者コッラド・ジニによって1936年に発表
された指標で、線分OCとローレンツ曲線O－A－
B－Cで囲まれた斜線の部分の面積を、三角形OCH
の面積で割ったものである。

いま、点（1、0）、点（2、0）をそれぞれP、Qと
おけば、次のようにしてア国のジニ係数gが求まる。
なお、計算式においては、各図形はその面積を表し
ているものとする。

$$g = \frac{斜線部分}{\triangle OCH}$$

$$= \frac{\triangle OCH - \triangle OAP - 台形 BAPQ - 台形 CBQH}{\triangle OCH}$$

$$= \{3 \times 2400 \div 2 - 1 \times 300 \div 2 - (300 + 1200)$$
$$\times 1 \div 2 - (1200 + 2400) \times 1 \div 2\} \div \triangle OCH$$

$$= \frac{3600 - 150 - 750 - 1800}{3600}$$

$$= \frac{900}{3600} = 0.25$$

次にイ国についても、ア国に対する図1と同じ内容のグラフを図2で示し、続けてイ国のジニ係数 g を求めると以下のようになる。

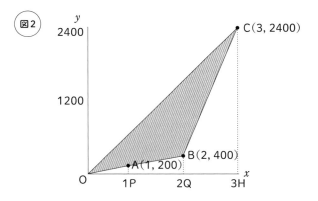

$$g = \frac{\triangle OCH - \triangle OBQ - 台形CBQH}{\triangle OCH}$$

$$\frac{3600 - 2 \times 400 \div 2 - (400 + 2400) \times 1 \div 2}{3600}$$

$$= \frac{3600 - 400 - 1400}{3600}$$

$$= \frac{1800}{3600} = 0.5$$

以上から、ア国のジニ係数0.25よりもイ国のジニ係数0.5が大きいことは、対応する斜線部分の面積が大きいことであり、それは格差が大きいことを意味している。

ちなみに、ここでは簡易的に三つのデータによるジニ係数の説明であったが、一般的な場合の説明も同じである。

このジニ係数の発想は、会社内の給与格差や学校内の成績格差の分析など、様々な応用ができることを指摘しておきたい。

統計で用いるデータについて、少し詳しく見てみよう。

まず具体的に、各人を説明するいくつかの情報をまとめた次のものを考える。

（ア，イ，ウ，エ，オ，カ，キ，ク）

アは名前、イは血液型、ウは国語の成績（優・良・可・不可による評価）、エはラーメンの好き嫌い（1……好き、2……どちらでもない、3……嫌い）、オは生まれた西暦年数、カは快適と感じる部屋の温度（℃）、キは毎月のお小遣い（円）、クは身長（cm）とする。
たとえば、

（田中一郎，A，良，1，2002，23，27000，165）

は、次のことを意味する。
名前は田中一郎、血液型はA型、国語の成績は良、ラーメンは好き、生まれたのは西暦2002年、快適と感じる部屋の温度は23℃、毎月のお小遣いは27000円、身長は165cm。

最初の二つの変数である名前と血液型は、ラベルにある名称のようなもので、それ自身に順序のようなものはない。このような変数を名義尺度という。も

ちろん、田中一郎＋鈴木太郎のような足し算や、A型×AB型のような計算は何もできないことに注意する。

次の二つの変数である国語の成績とラーメンの好き嫌いは、ラベルにある名称のようなものであるものの、どちらも順序がある。このような変数を順序尺度という。

ここでの変数に関しては、順序はあっても、優－可という引き算や、{1（ラーメン好き）＋3（ラーメン嫌い）}÷2という計算は何もできないことに注意する。

次の二つの変数である生まれた西暦年数と快適と感じる部屋の温度は、目盛が等間隔になっているもので、田中さんの2002年より12年前に生まれた人は1990年であったり、快適と感じる部屋の温度が24℃の人は田中さんの23℃より1℃高かったりするように、変数に関して足し算や引き算ができる。このような変数を間隔尺度というが、2002（年）÷2＝1001（年）や、23（℃）×2＝46（℃）のような計算を見ても分かるように、掛け算や割り算は

意味がないことに注意しよう。

最後の二つの変数である毎月のお小遣いと身長は、間隔尺度の性質ばかりでなく、それぞれの何倍や何％増などの計算が意味をもっている。このような変数を比例尺度という。

ここで紹介した四つの尺度に関して、名義尺度と順序尺度を合わせて質的変数といい、間隔尺度と比例尺度を合わせて量的変数という。

ちなみに、このようにデータを四つの尺度に分類する考え方を提案したのはスティーブンスという心理学者で、1946年のことである。そして現在でも、この分類によってデータを見るのが一般的である。

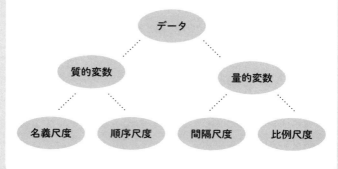

最後に、集めたデータを視覚的に捉えるグラフについて、まとめておこう。棒グラフ、折れ線グラフ、円グラフ、帯グラフの四つが基礎となる。

棒グラフはいくつかの対象の比較を示すグラフ。折れ線グラフは時間などに伴う変化を示すグラフ。円グラフと帯グラフは割合を示すグラフであるが、前者は面積で量を示すこともあり、後者は縦に並べて経年変化などを示すこともある。

また、柱状グラフ（ヒストグラム）は棒グラフから派生したもので、次ページのように度数分布を表すグラフである。

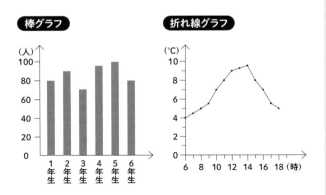

364

円グラフ

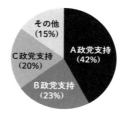

帯グラフ

A政党支持 (42%)	B政党支持 (23%)	C政党支持 (20%)	その他 (15%)

柱状グラフ

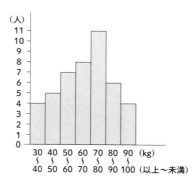

復習問題

 問 **1**　4人で構成されている仮想の国があるとして、その4人の年収を300万円、400万円、500万円、800万円とする。この国についてのジニ係数 g を求めよ。

まず4人の年収（万円）の数字を小さい順に並べると、

　300、400、500、800

となる。xy座標平面上に次の4点をとる。

　A$(1, 300)$、B$(2, 300 + 400)$、C$(3, 300 + 400 + 500)$、
　D$(4, 300 + 400 + 500 + 800)$

その結果、図1で示されたグラフを得る。なお、$(1,0)$、$(2,0)$、$(3,0)$、$(4,0)$ をそれぞれE、F、G、Hとする。次に、O（原点）、A、B、C、Dの5点を順に折れ線で結び、さらに一番右上の点DとOおよびHをそれぞれ結ぶ。その結果が図2である。

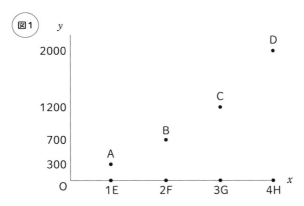

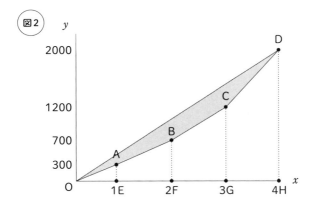

ジニ係数 g は、線分ODとOとDを結ぶ折れ線（ローレンツ曲線）との間の面積を、三角形DOHの面積で割ったものである。そこで、それは

•••

$g = ($△DOHの面積 $-$ △AOEの面積

$\qquad$ $-$ 台形AEFBの面積 $-$ 台形BFGCの面積

$\qquad$ $-$ 台形CGHDの面積$) \div$ △DOHの面積

となる。実際にこれを計算すると、

$g = \{2000 \times 4 \div 2 - 300 \times 1 \div 2$

$\qquad$ $- (300 + 700) \times 1 \div 2 - (700 + 1200) \times 1 \div 2$

$\qquad$ $- (1200 + 2000) \times 1 \div 2\} \div (2000 \times 4 \div 2) = 0.2$

を得る。

•••

数学と統計の違い

角三角形に関する「三平方の定理」（「ピタゴラスの定理」）とは、「直角をはさむ二つの辺それぞれの2乗の和は、斜辺の2乗に等しい」というものである。この定理は、どんな直角三角形に対しても成り立つもので、最も多く引用される定理である。

一方、およそ人間は怖いことに直面すると、拳を握る傾向があるようだ。だからこそ、じゃんけんではグーが多くなるという説がある。しかし、なかには怖いことに直面すると、パーを出すように手のひらを開く人もいるように思う。だからこそ、数学的な定理とは異なり、統計では何らかの傾向があるときに、集めたデータから「有意な差をもって〜という性質が言える」などと述べるのである。

テレビなどを見ていると、その辺りを無視したかのような強硬な主張もあって、残念に思うことがある。逆に、日頃から数学の証明を考えている人はその特徴として、議論の弱い部分に意識を傾けることが普通である。

第**5**章

論理

「すべての生徒は携帯をもっている」の否定文

「**逆**に言うと……」という発言はときどき聞くだろう。

たとえば、Aさんが「選挙権は18歳以上です」と言ったとする。それを聞いたBさんが、「逆に言うと、この前の選挙にCさんは行ったでしょ。だから、Cさんは童顔だけど、18歳以上なんだ」と言うことがある。

この「逆」という言葉は、本当は注意して使いたいものである。そして昔から、「逆は必ずしも真ならず」というよく知られた諺がある。

実はこの諺については、15年ぐらい前の文系理系を問わない一般教養的な授業では、大概の大学生は知っていた。

ところが現在は、ごく一部の大学を除くと、大概の大学生は知らないのである。

「1000円をもっているならば、カレーを食べること
ができる」は正しいだろう。しかし、「カレーを食
べることができるならば、1000円をもっている」
は正しいとは言えないはずだ。

このように、その諺を知らないと日常生活でも困る
のである。まして、算数・数学の世界ではとても大
切である。

「$a > 1$, $b > 1 \Rightarrow$（ならば）$a + b > 2$, $a \times b > 1$」

という論理文は正しい。しかし、この文の逆、

「$a + b > 2$, $a \times b > 1 \Rightarrow a > 1$, $b > 1$」

は正しいだろうか、という問題を考えていただきた
い。

これは間違いである。なぜならば、たとえば

$a = 5$, $b = 0.5$

のとき、この文は成り立たないからである。

「逆」の次に述べたいことは、論理文の「否定文」
である。

　「天気がよい」⇨「あなたの家に遊びに行く」

という約束について考えよう。

数学における「論理」の世界では、天気が雨ならば、
遊びに行っても行かなくても約束を破ったことには
ならない。

約束を破ったことになるのは、天気がよく、遊びに
行かなかったときだけである。

これは日常会話の世界とは異なる点で、とくに注意
すべきことである。

きちんと述べると、「$p \Rightarrow q$」の否定文は「p かつ
$[q$ でない$]$」であって、「$p \Rightarrow [q$ でない$]$」は間違
いである。

筆者はたまに、適当な機会を利用して大学生や高校

生諸君に上記のことを説明し、よく理解してもらっている。

ところがあるとき、知り合った高校の数学教員の何人かが「$p \Rightarrow q$」の否定文について知らず、困った思い出として残っている。

そこで、「仕事算」に関する例を一つ挙げよう。

例題

A、B、Cの3人がいて、ある仕事を3人で行っても1時間以上かかるとする。このとき、1人が単独でその仕事を行うと、2時間以上かかる者が少なくとも2人いる。

この例の成立は、結論を否定して矛盾を導く「背理法」で示す。ちなみに、犯罪の容疑者と思われた人が、犯行時刻に"アリバイ"が見つかって無罪になる過程の以下の議論も、背理法の一例である。

A氏が犯人とするならば、A氏は犯行時刻に犯行現場にいなくてはならない。しかし、犯行時刻にA氏

は居酒屋で大酒を飲んでいたという複数の証言が出た。これは矛盾であり、A氏は犯人ではない。

前述の例を背理法で示すと、以下のようになる。

3人で行っても1時間以上かかって、「単独でその仕事を行うとき、2時間以上かかる者が1人以下しかいない」ということがあると仮定して、矛盾を導いてみよう。

その仮定から、3人のうちの少なくとも2人は、単独でその仕事を2時間未満で終わらせることになる。その2人をx、yとすると、xとyはどちらも単独で1時間当たり、仕事全体の半分より多くを終わらせることになる。

それゆえ、xとyの2人でその仕事を行うと、1時間より短い時間でその仕事を終えられることになって、最初の前提「3人で行っても1時間以上かかる」に反して矛盾である。

したがって、1人が単独でその仕事を行うとき、2時間以上かかる者が少なくとも2人いるのである。

実は筆者が東京理科大学に在籍中に、数学科の入学試験に「背理法を説明せよ」という記述式の問題が出題され、後に朝日新聞の一面でも取り上げられた懐かしい思い出がある。

およそ背理法の証明を書いている人は、「どこでも構わないので、とにかく"矛盾"を導こう」という心境になりがちである。それが時にミスによる大問題を引き起こすこともあるので、背理法の証明を書くときは、とくに謙虚な心をもつことが求められる。

次に述べたいことは、「すべて」と「ある」の用法である。

最近、いろいろなところで「自分は文系の数学は学びましたが、AI時代を視野に置いて、機械学習の基礎となる数学を学ぶことは可能でしょうか」という質問を受ける。

一般的には、数学の内容を詳しく尋ねるようなものが多いが、筆者は『『すべて』と『ある』の用法、とくにそれらの否定文をよく理解していることが大

切です」という回答をする。

実際、高校数学をよく"理解"している人にとっては、大学数学の入門は難しくない。

それは、微分積分だろうが線形代数だろうが、基礎の部分は「すべて」と「ある」の用法が鍵となっているからである。

一方、高校数学を"計算"だけで乗り越えてきた人にとっては、大学数学の入門は相当苦労することになる。

ここで「すべて（all）」と「ある（some）」の用法が、算数・数学教育全般に深く関わっていることを述べよう。

その前に留意していただきたいことは、英語圏の子ども達ならば「all」と「some」の使い方を身に付けながら育つものの、日本の子ども達にはそれがないということである。

それどころか、日本における高校までの算数・数学教育では「すべて」と「ある」の用法については、あまり注意が払われていない。本当は算数教育の段

階から、しっかり学んでおきたいものである。

筆者は小学校での出前授業もたくさん行ってきたが、ある学校で

「この学校の児童数は約400人です。そこで、1年は365日か366日なので、この学校のある二人の児童は誕生日が同じですね。このような性質を『鳩の巣原理』と言います」

と最初に発言したとき、ある児童から

「先生、だったら、僕と誰が同じ誕生日なんですか」

と質問され、

「僕と誰かではなく、誰かと誰かなんだよ」

と答えたことが懐かしい思い出となっている。

中学校の内容に関しては、とくに「方程式」と「恒等式」の違いを指摘しよう。方程式とは、たとえば

$$5x - 3 = 2$$

のように、x などの文字になんらかの数を代入する

と等号が成り立つ「ある数」を求めるものである。
この場合、方程式の解は $x = 1$ である。
一方、恒等式とは、たとえば

$$5x - 3x = 2x$$

のように、x などの文字にどんな数を代入しても等号が成立するものである。
この両者を混同してしまう生徒が非常に多くいるので、筆者は教員研修会での講演のたびに、「ある」の方程式と「すべて」の恒等式を混同しない指導を訴えている。
たとえば方程式

$$\frac{x-1}{6} = \frac{x+3}{4}$$

を解く問題ならば、「両辺を12倍して」と書いて、

$$2(x-1) = 3(x+3)$$

と計算して答えを求めるのは良い方法である。

ところが、「次の計算をしなさい」という計算問題

$$\frac{x-1}{6} - \frac{x+3}{4}$$

を行うときにも誤って適用して、「両辺を12倍して」と書いて、

$$2(x-1) - 3(x+3)$$

という計算をしてしまう生徒が少なくない。これでは、正解の計算結果を12倍することになってしまう。

主に社会人対象の内容ではあるが、マーチンゲール法という賭け方を御存じだろうか。

たとえば最初は1万円を賭ける。それに負けたら次は2万円を賭ける。また負けたら次は4万円を賭ける。そのように負けたときは次に倍の金額を賭けることにすれば、いつかは勝って、勝ったときにはト

ータル1万円の利益になる。そして勝ったときの次は、再び1万円の賭けから始める方法である。

1回目と2回目と3回目に負けて4回目に勝ったならば、1万円、2万円、4万円がマイナスで8万円がプラスなので、トータルで1万円を得ることになる。その次は、また1万円を賭けるのである。

このマーチンゲール法は、必ず勝つ方法だと考えてしまう人が多くいる。

この考え方の問題点は、「いつかは勝って」の部分にある。

「n回目までに必ず勝つという自然数（正の整数）nはあるのか」と自問すればすぐに分かるように、nをいくら大きい自然数としても、そのような自然数は存在しない。

一方、どんな資産家でも賭けに使えるお金には上限があり、すなわち連続して負け続けても大丈夫な回数には最大の自然数があるので、その回数を超えないうちに勝たなくては、マーチンゲール法の考え方は成り立たないのである。

ここで紹介した事例からも「すべて」と「ある」の用法が、いかに大切かを理解していただければ幸いである。

実は、それらを用いた論理文の否定文が、算数・数学を学ぶうえばかりでなく、社会人として生きていくうえでも重要なのである。

次の二つの文の否定文を述べる問題を考えていただきたい。

「すべての生徒は携帯をもっている」
「ある生徒の身長は190cm以上である」

それぞれの否定文を、

「すべての生徒は携帯をもっていない」
「ある生徒の身長は190cm未満である」

と答える人は多いが、それは間違いである。それぞれの正解は、

　「ある生徒は携帯をもっていない」

　「すべての生徒の身長は190cm未満である」

となる。

否定文を作るときの要点は、「すべて」と「ある」

を取り替えることである。

筆者の本務校が東京理科大学から桜美林大学に移る

2007年の2月に行われた東京理科大学工学部の数

学入試問題に、「すべて」と「ある」が入った文の

否定文を書かせる問題が出題された。

その入試が終わった直後からしばらくの間、その問

題と解答を巡って、東京理科大学に勤務する何人も

の数学教員が熱く語った姿を見て、「それらの用法

については、自らも語り続けよう」と思ったのであ

る。

復習問題

 次の各文の否定文を述べよ。

    （1）次回の会議が25日に行われるならば、その会議にA氏は出席する。

    （2）自然数（正の整数）nは、3と5の両方の倍数である。

    （3）自然数nは、3または5の倍数である。

問 1 解答

（1）次回の会議が25日に行われ、かつその会議にＡ氏は出席しない。

（2）自然数 n は、3の倍数でないか、または5の倍数でない。

（3）自然数 n は3の倍数でもなく、5の倍数でもない。

あとがき

日本の数学教育の歴史を振り返ると、江戸時代では数学教科書『塵劫記』（吉田光由）が国民の間に普及したこともあって、国民の数学レベルは世界的にも相当高かった。松下村塾を作った吉田松陰は、後に杉浦重剛が品川弥二郎の談話として残した「（松陰）先生は此算術に就ては、士農工商の別なく、世間のこと算盤珠をはづれたるものはなし、と常に戒しめられたり」（雑誌『日本及日本人』の「松陰四十年」、政教社）という言葉からも分かるように、数学教育を重視していた。この教えは、昭和の高度経済成長期まで脈々と受け継がれてきたと考える。

次に1875年から1879年まで日本の工部大学校（東京大学工学部の前身）に招かれて教鞭を執った英国の応用数学者・数学教育者ジョン・ペリー（1850–1920）の教えは、技術立国・日本の礎の一角を築いたといえる。立体図形や小数計算を重視する発想は、工業の発展における柱となった。ペリーの講演録にある「数学は自己のためということから離れて、物事を考える重要性を学ぶ」という部分に注目したい。

第二次世界大戦の末期に、優秀な科学者の育成を目的として設けられた特別科学学級（特別科学組）はわずか2年半で閉鎖されたが、戦後の日本を築いた指導的立場の人材を数多く輩出した。また、高度経済成長期の終わりを告げる頃まで、高校数学の平均的レベルは現在より格段に高かった。

筆者は、上記のような数学教育の時代に戻せという考えは全くない。運動能力と同じように個人個人で大きな差がある数学においては、各駅停車の旅を楽しむように、皆が自分自身のペースでゆっくり理解し、それぞれの人生で役立てればよいと考える。それが日本の将来を明るくすることを期待したい。

本書は、編集担当の講談社企画部長の鈴木崇之さん、そして講談社現代ビジネス事業部の安東詩織さんの御尽力の賜物として完成したものであり、ここに深謝する次第である。

芳沢光雄

1953年、東京生まれ。東京理科大学理学部教授（理学研究科教授）、桜美林大学リベラルアーツ学群教授を経て現在、桜美林大学名誉教授。理学博士。専門は数学・数学教育。
『中学生から大人まで楽しめる　算数・数学間違い探し』（講談社＋α新書）、『新体系・高校数学の教科書（上・下）』『新体系・中学数学の教科書（上・下）』『新体系・大学数学　入門の教科書（上・下）』『群論入門』『離散数学入門』（以上、講談社ブルーバックス）、『数学的思考法』（講談社現代新書）、『数学の苦手が好きに変わるとき』（ちくまプリマー新書）など著書多数。

講談社＋α新書　861-2 C

昔は解けたのに……
大人のための算数力講義

芳沢光雄　©Mitsuo Yoshizawa 2024

2024年5月15日第1刷発行

発行者―――――森田浩章
発行所―――――株式会社 講談社
　　　　　　　　東京都文京区音羽2-12-21 〒112-8001
　　　　　　　　電話 編集（03）5395-3522
　　　　　　　　　　 販売（03）5395-4415
　　　　　　　　　　 業務（03）5395-3615
デザイン―――――鈴木成一デザイン室
カバー印刷―――――共同印刷株式会社
印刷―――――株式会社新藤慶昌堂
製本―――――株式会社国宝社

KODANSHA

講談社＋α新書

世間ってなんだ

鴻上尚史

中途半端に壊れ続ける世間の中で、私たちはどう生きるのか？　ヒントが見つかる39の物語

990円
855-3
C

奇跡の小売り王国 「北海道企業」はなぜ強いのか

浜中淳

ニトリ、ツルハ、DCMホーマックなど、北海道企業が各業界のトップに躍進した理由を明かす

1320円
856-1
C

その働き方、あと何年できますか？

木暮太一

ゴールを失った時代に、お金、スキル、自己実現を手にするための働き方の新ルールを提案

968円
857-1
C

脂肪を落としたければ、食べる時間を変えなさい

柴田重信

肥満もメタボも寄せつけない！　時間栄養学が教える3つの実践法が健康も生き方も変える

968円
858-1
B

2002年、「奇跡の名車」フェアレディZはこうして復活した

湯川伸次郎

かつて日産の「V字回復」を牽引した男がフェアレディZの劇的な復活劇をはじめて語る。

990円
859-1
C

世界で最初に飢えるのは日本　食の安全保障をどう守るか

鈴木宣弘

人口の六割が餓死し、三食イモの時代が迫る。農政、生産者、消費者それぞれにできること

990円
860-1
C

中学生から大人まで楽しめる　算数・数学間違い探し

芳沢光雄

中学数学までの知識で解ける「知的たくらみ」に満ちた全50問！　数学的思考力と理解力を磨く

990円
861-1
A

昔は解けたのに……　大人のための算数力講義

芳沢光雄

数的思考が苦手な人の大半は、算数で躓いている。いまさら聞けない算数の知識を学び直し

1320円
861-2
C

高学歴親という病

成田奈緒子

なぜ高学歴な親ほど子育てに失敗するのか？　山中伸弥教授も絶賛する新しい子育てメソッド

990円
862-1
C

悪党　潜入300日　ドバイ・ガーシー一味

伊藤喜之

「日本を追われた者たち」が生み出した「爆弾告発男」の本当の狙いとその正体を明かす！

1100円
863-1
C

完全シミュレーション　台湾侵攻戦

山下裕貴

来るべき中国の台湾侵攻に向け、日米軍首脳は分析を重ねる「机上演習」の恐るべき結末は──

990円
864-1
C

表示価格はすべて税込価格（税10％）です。価格は変更することがあります

講談社＋α新書

健診結果の読み方

気にしたほうがいい数値、気にしなくていい項目

永田宏

血圧、尿酸値は知っていても、HDLやASTの意味が分からない人へ。健診の項目別に解説。

990円
875-1
B

なぜ80年代映画は私たちを熱狂させたのか

伊藤彰彦

草刈正雄、松田優作、吉川晃司、高倉健、内田裕也……制作陣が初めて明かすその素顔とは？

1100円
876-1
D

刑事捜査の最前線

甲斐竜一朗

「防カメ」、DNA、汚職から取り調べの今、「トクリュウ」まで。刑事捜査の最前線に迫る

990円
877-1
C

表示価格はすべて税込価格（税10％）です。価格は変更することがあります